Perceptual-Motor Activities for Children

儿童感知-运动活动指导

——儿童运动和学习技能训练指南

An Evidence-Based Guide to Building Physical and Cognitive Skills

原著　Jill A. Johnstone

Molly Ramon

译者　王　嘉

李榴柏

北京大学医学出版社

Peking University Medical Press

ERTONG GANZHI-YUNDONG HUODONG ZHIDAO:
ERTONG YUNDONG HE XUEXI JINENG XUNLIAN ZHINAN

图书在版编目（CIP）数据

儿童感知-运动活动指导：儿童运动和学习技能训练指南 /（美）约翰斯通（Johnstone, J. A.），（美）拉蒙（Ramon, M.）原著；王嘉，李榴柏译 .—北京：北京大学医学出版社，2015.12

书名原文：Perceptual-motor activities for children: an evidence-based guide to building physical and cognitive skills

ISBN 978-7-5659-1116-3

Ⅰ．①儿… Ⅱ．①约… ②拉… ③王… ④李… Ⅲ．①感知—能力培养—儿童教育—指南 ②运动能力—能力培养—儿童教育—指南 Ⅳ．① B842.2-62 ② G804.83-62

中国版本图书馆 CIP 数据核字（2015）第 102874 号

北京市版权局著作权合同登记号：图字：01-2014-3449

Perceptual-Motor Activities for Children: an evidence-based guide to building physical and cognitive skills.
Jill A. Johnstone, Molly Ramon.
ISBN-13: 978-1-4504-0154-8
ISBN-10: 1-4504-0154-6

儿童感知-运动活动指导：儿童运动和学习技能训练指南

主　　译：王　嘉　李榴柏
出版发行：北京大学医学出版社
地　　址：（100191）北京市海淀区学院路 38 号　北京大学医学部院内
电　　话：发行部 010-82802230；图书邮购 010-82802495
网　　址：http：//www.pumpress.com.cn
E－mail：booksale@bjmu.edu.cn
印　　刷：中煤涿州制图印刷厂北京分厂
经　　销：新华书店
责任编辑：马联华　　**责任校对**：金彤文　　**责任印制**：李　啸
开　　本：787mm × 1092 mm　1/16　　**印张**：17.75　**字数**：316 千字
版　　次：2015 年 12 月第 1 版　2015 年 12 月第 1 次印刷
书　　号：ISBN 978-7-5659-1116-3
定　　价：69.00 元

译者前言

感知 - 运动能力的发展是儿童健康成长的重要组成部分，它是让儿童身心并用、成功获取外来信息、作出判断并最后作出相应反应的一种能力。平时我们说一个孩子“悟性好”“学东西快”“理解能力强”，其实都是在夸一个孩子的感知 - 运动能力。儿童的生活就是在使用感知 - 运动能力与外部世界进行沟通和交流的过程。在学习过程中，很多事情，如读、写等，都要求儿童心身并用，同时动脑、动手、手眼协调来完成各项学习任务。因而感知 - 运动能力的强弱就决定了孩子们领会和掌握知识和技能的快慢和多少。

感知 - 运动能力较高的儿童一般都有较好的动作协调能力、身体感知能力和控制能力，且智商较高，做事有较强的自信心。相反，如果这种能力较差，则动作协调能力、身体感知能力和控制能力也较差，且智力水平偏低，做事缺乏自信心。感知 - 运动能力差的小学生常常感觉在读、写方面有困难，而读、写是基于运动能力的，需要心身协调一致来完成。有研究发现，从来没有体验过合适的运动形式（如跑、跳、投掷和够东西）的儿童，认知上一般也有问题，因为脑内相应的通路没有形成。因此，促进儿童的感知 - 运动能力对于儿童的成长和身心健康发展至关重要。越来越多的研究表明，儿童参加感知 - 运动活动，能让其学会更好地控制身体并促进其他课程的学习。

儿童感知 - 运动能力的培养应适时进行。在关键发育期及时进行感知 - 运动游戏和训练，会使儿童在今后的成长中获得能力发展的加速度；而错过关键发育期，可能会影响其今后的发展潜能。有研究发现，感知 - 运动发育对于儿童左 - 右脑通路的搭建起关键作用，而 3 ~ 6 岁是这种通路形成的关键时期。

美国儿童感知 - 运动专家 Jill A. Johnstone 和 Molly Ramon 撰写的《儿童感知 - 运动活动指导：儿童运动和学习技能训练指南》一书是一部进行儿童感知 - 运动能力训练的成功教材。作者根据自己几十年的儿童感知 - 运动相关研究，创建了一系列适合于各年龄段儿童的游戏活动，并在多期培训班中作为教材广泛应用。大量的应用实践证明：这些感知 - 运动游戏在促进儿童身心健康的同时，也促进了其学业成绩和人际交往能力，如同伴合作互助等。因此，作者强调，重视儿童的学业发展，就必须重视其身体和情感的健康发展！

书中介绍的许多游戏活动可以在室内进行，可以从多方面进行训练，而且简单、活泼有趣，既适用于早教机构，也适用于家庭。这些活动的道具易学、易做，老师和家长们可以就地取材，因此，我们向老师和家长推荐此书。

生命在于运动！动则有益，多动更好！

王　嘉　李榴柏
2015 年 9 月于北京

著者前言

对于希望帮助儿童发展其全部潜能的教育工作者而言，必须根据儿童在身体、心理和情感方面的相关需求对其进行全面教育。小学许多课程的重点是学业和情感的发展，但是有多少是与儿童身体发展相关的课程呢？

人们已逐渐清楚地意识到，不重视儿童的身体发展就是对儿童的忽视。实际上，越来越多的最新研究表明，重点在提高儿童身体技能的课程不仅促进了儿童的身体健康，也促进了他们的学业和情感健康！

作为儿童体育老师，我们为了创建感知 - 运动活动这样一门课程，参加了许多培训班，与这个领域的许多专家进行了广泛交流，并对这一课题进行了深入研究。在实施过程中，我们首先为感知 - 运动活动课程制订了一个教学大纲，并率先在我们任教的幼儿园予以实施。在过去的 6 年里，我们一直在使用、提炼和改进这个课程。现在它已被另外 45 所学校所采纳！我们取得了怎样的成绩呢？看看下面的实例吧。

在 2007—2008 学年里，我们任教的一所幼儿园接收了一对双胞胎男孩。这对双胞胎男孩名叫 Allen 和 Benny。入园之初，我们通过定期的体育课对这对双胞胎与其周围同伴的交往行为进行了观察。我们发现，Allen 比 Benny 有更强的社交能力，在这对双胞胎中处于优势地位。当我们对这对双胞胎男孩进行活动课程的测试时，我们还发现，在整体运动测试中，Allen 的得分比 Benny 的得分高出 19 分。当时这对双胞胎男孩在阅读流利性测试中仍处于发展阶段。但是，Benny 在整体运动上的较低的得分使他有资格参加我们的感知 - 运动活动课程，而 Allen 的分数使他没有资格参加我们的感知 - 运动活动课程。

当我们 32 周的感知 - 运动活动课程结束时，这对双胞胎男孩的父母收到了他们双胞胎的阅读流利性测试结果：Benny 通过了阅读流利性测试，而 Allen 没有通过。Benny 在整体运动测试上的分数也有了很大的提高。这对双胞胎母亲带着极大的疑问来到了学校，并且开始质疑 Allen 的任教老师的能力。

此事引起了我们校长的关注，并要求我们查看这对双胞胎男孩在参加我们的活动课程前、后的测试分数。在参加感知 - 运动活动课程之前，我们对这对双胞胎男孩的整体运动技能进行的测试结果是：Allen 91 分，而 Benny 72 分。这些分数意味着：Benny 在运动和物体控制技能上的能力是 3 岁或以下儿童的水平，而 Allen 在运动和物体控制技能上符合他的年龄水平。然而，当 Benny 完成了我们的 32 周的感知 - 运动活动课程时，我们再对这对双胞胎男孩的整体运动技能进行测试时，我们发现，Benny 的分数提高了 52 分（为了避免偏见，由德克萨斯州圣安东尼奥大学的教授对其进行测试），他的分数从参加活动课程之前的 72 分提高到了之后 124 分；但是，Allen 的分数仍然保持在 91 分。

我们的校长告诉了双胞胎母亲有关 Benny 参加了我们感知 - 运动活动课程的事情，并且他们对 Benny 的进步进行了讨论。双胞胎的母亲告诉我们，感知 - 运动活动课程使这对双胞胎男孩的地位发生了改变，Benny 成了“双胞胎的代表”，而 Allen 实际上仍然在努力赶上。

这仅仅是我们活动课程的一个成功实例——鉴于是在相同的环境下进行的，并且可以在一对双胞胎儿童中进行比较，显得特别有说服力。但你若使用我们的《儿童感知 - 运动活动指导：儿童运动和学习技能训练指南》在你的教学中进行实践，你也会取得相似的结果。这本使用方便的指南可以告诉你，如何通过使用现有的器材，以及你自己创造和制作的一些器材来实施你自己的感知 - 运动活动课程。本书还包含一些活动，其中许多是娱乐性的。你也许还需要一些了解课程有效性的志愿者们的帮助，他们很快就会对这种课程的效果表示赞同的——一种可以改变你指导的儿童生活的课程效果。

儿童为什么需要感知 - 运动活动?

儿童要成功地获得和理解感知信息并作出适当的反应，必须具备感知 - 运动技能。感知是对获得的信息进行处理，而运动是指行为的结果。因此，感知 - 运动活动需要儿童同时使用自己的大脑和身体一同完成任务——例如，在平衡木上行走的同时背诵字母的活动。

考虑一下这样的问题：要在学校表现优秀，儿童必须做许多事情，而这些事情都要求他们的大脑和肌肉像一个团队一样进行协作。实际上，所有的交流技能——读、写、说和表情动作——都是以运动为基础的能力。严格地讲，我们认为这些能力都是学习技能。例如，像学习书写这样的技能，不仅要求儿童认识字母，理解单词是如何由许多字母组成的，还要握笔、运笔，同时运用感知（视觉）去调节他们的动作，把所理解的知识转化为行动，以建立正确的写字姿势。大脑和身体必须协作才能使儿童更好地完成学习任务。

参加感知 - 运动活动能使儿童的身体控制能力得到更好的发展，从而能使他们在课程学业上有更好的表现。拥有适当感知 - 运动技能的年幼学生，具有更好的协调性、更强的身体意识、更高的智能以及一种更加积极的自我形象。相比之下，缺乏这些技能的学生，常常协调性较差、身体意识较弱且自信心不足。研究还表明，感知 - 运动的发展对于儿童左右大脑半球交叉通路的发展极为重要。感知 - 运动技能发展较差的学生，在低年级时，在阅读和书写上会经常遇到困难。儿童进行身体一侧的活动，有助于发展他们大脑的神经通路，使他们的整体运动能力有所提高，从而提高他们的读、写能力。阅读和书写能力的基础是运动，需要身心协作。那些没有接受过适当运动训练（即跑、跳、扔、抓）的学生，肯定有认知问题，因为他们的大脑通路还没有被开发。发展这些神经通路的最佳年龄是 3~6 岁。

在全面促进儿童的健康和提高儿童的学习水平上，感知 - 运动活动提供了一个实证方法。我们的研究也表明，参加我们活动课程的学生，在学习的各方面都有显著的提高。活动课程符合儿童的整体运动需求，有助于他们做好学习准备和提高整体行动水平。参加我们课程活动的、有学习障碍的学生，在学习上也表现出了进步，课程有助于他们发挥其全部潜力。例如，2009 年，一名几乎完全没有语言表达能力的一年级学生，参加了我们的由大学语言专家指导的课程。到了年底，这名学生就能阅读、书写并说出完整的句子了。他的学习成绩有了极大的提高，而且他在与同学交往时表现出了更好自我控制能力。同时通过运动和学习，这名学生的左右大脑半球之间的联系得到了刺激，形成了通路，因此，他的自信心增强了，学习成绩也提高了。

体育活动有助于建立大脑的神经通路——通过信息在大脑中的传播建立联系——大脑中有更丰富的神经通路的儿童学习起来更容易。关键是：我们的活动课程有助于儿童发展感知 - 运动技能。对于儿童而言，这些技能是大脑为学习做好准备所必需的；如果儿童没有适时地发展这些技能，则他们在阅读和书写等基础学习技能上将会遇到困难。因此，感知 - 运动技能充分发展的儿童，对学习有更充足的准备并有更好的协调性和自我形象。对于儿童，感知 - 运动活动能力可为其未来的学业奠定一个牢固的基础。早期干预是至关重要的！

什么是感知 - 运动活动课程？

感知 - 运动活动课程包括 32 周的序列等级活动课程，以提高儿童的感知 - 运动能力，目的是满足年幼学生学业的需求。课程包括运动发展，以及针对落后于发展关键期的个别年幼学生设计的适合他们的运动技能发展活动课程。感知 - 运动活动课程在有意义、有目的和经过认真排序的八个等级的活动中，让年幼的学生使用各种普通的和特别设计的器材进行整体运动训练。第一个 8 周的课程包括身体左右对称活动，第二个 8 周的课程建议进行单侧的身体活动，第三个 8 周的课程包括横向交叉活动。第四个（最后）8 周的课程是专用的等级课程，要求进行各种偏重身体一侧的活动。学生们每周至少参加 4 次课程活动，每次课程的时间是 30 分钟。

课程通常针对下面的感知 - 运动发展要素进行干预：

- 偏重身体一侧（进行单侧、左右对称和横向交叉活动）
- 平衡
- 身体形象
- 追踪
- 空间关系
- 运动技能（即行走、跑、跳、单脚跳、飞跑、跳跃）
- 控制技能（即拍球、接球、运球、踢球、投球、滚球、扔球）

课程是从评估儿童目前的整体运动发展水平和阅读流利性活动开始的。这样可以确定哪些学生有最大的风险，并可以为参加者建立基线，以便评估他们在完成课程后的进步。在课程结束时，希望课程参加者可以显示出他们在感知 - 运动发展和学习准备方面的收获。我们会通过班级老师给出的阅读流利性评分和体育老师或课程指导者给出的整体运动评分的前、后对照，来确定学生们取得的成绩。当我们把课程参加者（我们活动课程的学生）的结果与对照组（幼儿园的所有其他儿童）的结果进行比较时，活动课程的成功是显而易见的——你也能做到！

使用这本书建立感知 - 运动活动课程

本书和网上的辅助资料可为你在自己的教学环境中模拟我们的成功提供一个路线图。尽管课程主要适用于小学教师，但是它的原理也适用于相同的环境，例如，学前班或日托机构。

第 1 章提供了一些你需要的具体详细信息，以便于你实施一个感知 - 运动活动课程。从得到管理层的支持到建立活动等级、评估参与者的进步，本章概括了筹备和运作你的课程的对象、内容、时间、地点以及理由。本章专门描述了一个简单的技能测试方法——包括正确的技能照片和定制的记录纸——你可以把它当做一个测试工具来使用。

第 2 章到第 5 章描述了 200 个可用于你的感知 - 运动活动课程的、有插图的等级活动。课程以左右对称活动开始（第 2 章），要求学生们使用双侧身体，同时做相同的动作——如跳跃运动。第 3 章重点是身体的单侧活动，让学生在活动中把注意力集中在使用一侧身体上。第 4 章包含横向交叉活动，要求学生越过身体的中线做动作。第 5 章以综合各种偏重身体一侧的活动来结束课程。第 2 章到第 4 章包括了八个等级形式的 8 周活动。第 5 章介绍了最后的活动（为最后的 8 周），以及对 32 周课程的总结。第 1 周的偏重身体一侧的综合活动是一个范例周，但它可以使用 2 周。如果时间允许，指导者们可以返回去做上周的活动并把他们喜欢的活动结合进去，形成他们自己的、有一定难度的等级活动。

活动设置要短而简单，并要使用各种不同的器材，以保持学生的活动兴趣和挑战性。活动课程采取学习技能与活动学习卡片相结合的形式——卡片上显示字母、形状、图片、数字和可视文字。你可以从本书附带的网络资源上把这些色彩丰富的卡片打印下来，然后，把他们放在锥筒或垫子上面的透明套子里。当学生用锥筒和垫子做这些活动时，要求他们说出卡片上显示的内容，这就需要学生们同时练习使用头脑和肌肉去迎接每次挑战。

网络资源

本书附带网络补充材料，可以在 www.HumanKinetics.com/PerceptualMotorActivitiesForChildren 上获取：包括下面你可以在你的感知 - 运动活动课程中使用的资料：

- 用于等级活动的一套完整的活动学习卡片，你可以打印下来
- 感知 - 运动活动课程每个活动使用的活动卡片（本书和网络资源上的每个等级活动都是以活动卡片的形式予以介绍的。你可以从网络资源上把这些活动卡片打印下来，以便于你和其他助手布置等级活动并检查学生的技能完成情况）
- 本书不包括额外的感知 - 运动活动（我们使用垫子和活动学习卡片开展课程。这些活动也可以在教室环境中进行。大多数早期学习班包括等级活动和垫上课程，这是把运动和学习结合到课堂环境中的一种令人兴奋的方法。垫上活动还可以作为器材的替代物来使用，如果课程指导者没有器材。这些垫子易于组建、装备和保存。）
- 测试数据的技能评估记录纸
- 课程中使用的垫子和其他器材的说明书
- 告知参加课程儿童父母的课程内容信函

- 91 页和 114 页活动使用的地板图案卡片
- 课程活动期间播放的等级活动音乐，其目的是使学生保持参与活动的兴趣及引导他们进行下一个等级活动，你可以下载

我们希望这些资料有助于你在感知 - 运动活动课程中给年幼的学生们提供活动的机会——尽一切可能帮助他们在身体、社会、情感和智力上达到最佳的发展。不言而喻，感知 - 运动活动课程已取得的成果以及这些已模式化的活动的结果，都是最好的明证。由此，我们提供本书和网络资源，作为一种可靠的指导，希望有助于你设立感知 - 运动活动课程，为你的学生的终身学习奠定基础。

致谢

我们要感谢以下各位：

Linda Seewald，我们的区体育教育主管，感谢她与我们分享自己在运动发展领域中的经验，以及她对我们活动课程的信任。

Judy Rosanno，我们的校长，感谢他帮助我们开设感知 - 运动活动课程，并在自己的学校实施活动课程。

Dr. Robbi Beyer，一位运动发展和运动课程领域的专家，感谢他给予的支持和专业知识。

目　录

1

感知 - 运动活动课程的开设

充分的准备工作能使你按照自己的方式更好地运行一个出色的感知 - 运动活动课程。本章意在为感知 - 运动活动课程的设立提供一些需要考虑的因素，例如，器材的获取和如何进行测试；以及如何使用本书和附带的网络资源，以帮助你准备和运行你的活动课程。

设计你的感知 - 运动活动课程

为了使你的活动课程有一个良好的开端并保证其顺利进行，提前做好计划非常重要！应该做的工作包括：考虑你如何获得开展你的课程所需要的全部支持和资源。

首现，要落实一些基本的后勤保障问题，例如，何时以及在哪里进行活动课程。我们发现，儿童在早上上课前的 30 分钟上感知 - 运动活动课效果最好，且一周至少上 4 次课。最合适的上课地点是体育馆，因为里面有大部分所需的器材，并且有足够大的空间。大的多功能室也可供使用，如自助餐厅或空教室。有总没有强。如果你的资源一开始就很有限的话，那么进行小规模的活动也是好的。

当你向管理部门和儿童父母提出开设感知 - 运动活动课时，一定要让他们了解这是一门什么样的课，如何进行，谁将受益，以及参加者能从中获得什么（做好学习的准备）。还要向他们强调一下：上感知 - 运动活动课的最佳时间以及为什么开设这门课。由于感知 - 运动活动课的最佳时间是早上上课前的 30 分钟，你需要与管理部门协调，得到这个时间。

要保证让儿童的父母和管理人员都明白：为什么运动发展在儿童的早期阶段如此重要，以及其与阅读发展的相关性。儿童只有在运动发展的基础上才能成功地获取、理解感知信息并对其作出反应。与没有适当运动技能的同伴相比，有适当运动技能的年幼学生的协调性更好、身体意识较强、智力更高并有更积极的自我形象。相反，缺乏这些技能的学生的协调性和身体意识常常不好，而且缺乏自信。此外，研究表明，运动发展对于左右大脑半球的通道形成极其重要。因为这个原因，感知 - 运动发展差的学生，当他们上小学时在阅读和书写学习上经常会出现困难。为了开发儿童的全部潜能，我们要着眼于儿童的整体发展，并强调他们的身心和情感发展需求。目前已有许多重点放在学习和情感需求的课程；然而，运动发展课程强调的是身体发展，并且是为那些在这些关键领域的发展可能落后的目标年幼学生的运动技能发展设计的。

图 1.1 显示的是一封向儿童父母说明课程内容的信函样本；是从网络资源上下载的。

为感知 - 运动活动课程配置助手可能是一个挑战。一般运行感知 - 运动活动课程并不需要助手。但如果可能的话，还是找一个助手的好。实际上，如果大家得知学生上感知 - 运动活动课能取得很大的进步，他们就会自愿提供帮助。我们甚至得到了我们的前 5 名学生的帮忙！

关于助手，他们不需要具备体育课经验。每项活动都是以能够指明关键技能标准的活动卡的形式展示的，所以所有助手都可以参照表格并能很容易地对学生们的表现进行评估。（你可以在网络资源上很容易地获取所有的活动卡片并打印你需要的卡片；你也可以从书上把它们复印下来。）

准备器材

感知 - 运动活动课程的许多活动所使用的器材都是你们体育馆里已有的，或者是可以很容易获得的普通器材。这里举一些例子：

地板平衡木
豆子袋
锥筒（可以贴有活动学习卡片的塑料外套）
泡沫塑料栏杆（14 英寸高，约 36 厘米）
体操垫
呼啦圈（直径 30 英寸，约 76 厘米）和呼啦圈架子（泡沫塑料制成的、有一个切口支撑呼啦圈）
魔术丝巾（与其他类型的丝巾相比，魔术丝巾有特殊的尺寸、重量和颜色。如果找不到魔术丝巾，也可以用杂货店的塑料袋代替）
跳绳
运动球

踩板（踩板的底部有一个额外的板子，可以使踩板倾斜。这样，当学生踩在板子升高的一端时，板子前面的物品会弹向空中，可以练习去接住它。）

有些活动还要使用下面的器材，你可以在器材目录中找到，如美国游戏、

学生姓名：______________

班级教师：______________

请阅读下面的内容，并在本页下方签字。

现邀请你的孩子参加我们的感知 - 运动活动课程。儿童的适当的大脑功能是在其早期的运动技能（即跑、跳、单腿跳、飞跑、滑行和跳跃）和物体控制技能（即抓握、滚球、击打、运球、扔和踢球）的基础上发展的，这些都会对其学习产生影响。我们的感知 - 运动活动课程包含一系列定制的学习和运动活动，目的是帮助每个儿童发展他们的所有潜能。本课程是在专门的时间为年幼的学生开设的有序的、按等级划分的活动课程。这些活动可使儿童加强身体单侧锻炼，以使其大脑形成通路。本课程将通过进行身体左右同时对称活动、身体每次单侧活动以及双侧交叉活动（身体运动对侧以提高儿童的认知能力）发展儿童的大脑通路。

你的孩子参加我们的感知 - 运动活动课程可以在以下几个方面受益，包括为提高你的孩子的学习和整体运动发展而设计的等级活动：

1. 整体运动反应的强化学习。
2. 通过运动技能锻炼使儿童眼 - 手协调，帮助儿童更好地进行书写。
3. 创建了一系列活动运动，帮助儿童发展他们的阅读和拼写能力。
4. 通过运动增加心率和促进血液循环，增进儿童的表现，加强他们对目标任务的注意力，并使他们的重要大脑区域氧气供应增加。
5. 通过活动提高儿童对空间关系的认知（即儿童对自己的身体在空间的位置的意识）。
6. 某些类型的运动可以刺激儿童的身体释放自然的动力。这些化学信使，如大家都知道的神经传递素，在儿童的学习能力中起重要作用。

在对你的孩子进行 TPRI 早期阅读测试（重点是对字母的形状及其发音、押韵以及字母的混合发音的阅读测试）和 TGMD-2 整体运动发展测试（评估运动技能和物体控制技能的标准化测试）之后，你的孩子已入选参加我们的感知 - 运动活动课程。

家长签字 ______________

图 1.1 一封向父母说明感知 - 运动活动课程的信函样本

Sportime、Palos、Flaghouse、Nasco 或 Gopher。

杯子和球套装（cup-and-ball，一种玩具）
小型橡胶动物模型（用于抛、接和投掷）

此外，许多活动都要用到塑料垫，你可以在许多商店甚至折扣店购买到厚的、干净的乙烯树脂塑料并制作成垫子。你还需要不同颜色的胶带（在大部分商店和折扣店都能买到）。垫子下面要有塑料套，以便将活动学习卡片放在里边并防止它们受损。锥筒外要用一个固定在锥筒上端的、有开口的透明套子包住；套子里也可以放些活动学习卡片。你可以从网上下载和打印各种颜色的活动学习卡片，其有各种形状、数字、字母、图片和单词。在进行指定的等级运动时，让学生说出所给卡片显示的内容，为活动增添学习气氛。

地板垫

图 1.2 显示的是你制作好的地板垫。

- 裁一块乙烯树脂塑料制作一个宽 3 英尺、长 7 英尺（大约 0.9 米 ×2.1 米）的矩形垫。
- 将 2 条胶带（你选颜色）纵向、间隔 12 英寸（30 厘米）放在垫子上。
- 将 6 条胶带横向、间隔 12 英寸（30 厘米）放在垫子上。
- 将垫子背面的 2 个钩环扣绊（即尼龙搭扣）放在胶带线上沿，固定好活动学习卡片。把垫子翻过来，保证塑料套的开口向外。

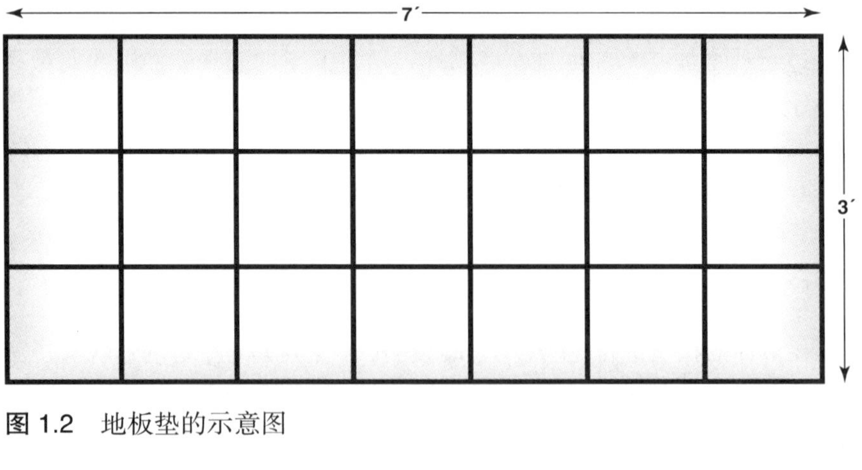

图 1.2 地板垫的示意图

跳房子游戏垫

- 裁一块乙烯树脂塑料制作一个宽 2.5 英尺、长 8 英尺（大约 0.8 米 ×2.4 米）的矩形垫。

- 用胶带沿着塑料垫做边长为 12 英寸（30 厘米）的正方形——3 块正方形纵向排列；2 块正方形横向排列；1 块正方形与纵向排列的正方形对齐；2 块正方形与横向排列的正方形对齐；1 块正方形与纵向排列的正方形对齐（见图 1.3）。
- 将垫子背面的 2 个钩环扣绊（即尼龙搭扣）放在胶带线上沿，固定好活动学习卡片。把垫子翻过来，保证塑料套的开口向外。

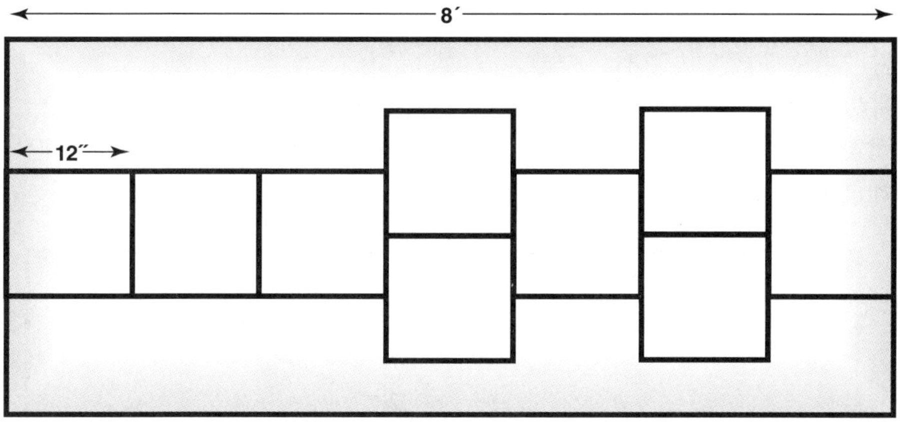

图 1.3 跳房子游戏垫示意图

阶梯垫

- 裁一块乙烯树脂塑料制作一个宽 2.5 英尺、8 英尺长（0.8 米 ×2.4 米）的矩形垫。
- 将 2 条 7 英尺（2 米）长的胶带（你任选颜色）纵向沿着垫子放好；2 条胶带的间隔为 12 英寸（30 厘米）。
- 从长胶带的起点到末端，间隔 12 英寸分别放置 6 条 12 英寸（30 厘米）长的胶带，以将 2 条长胶带连接起来并形成阶梯的梯级（图 1.4）。
- 将垫子背面的 2 个钩环扣绊（即尼龙搭扣）放在胶带线上沿，固定好活动学

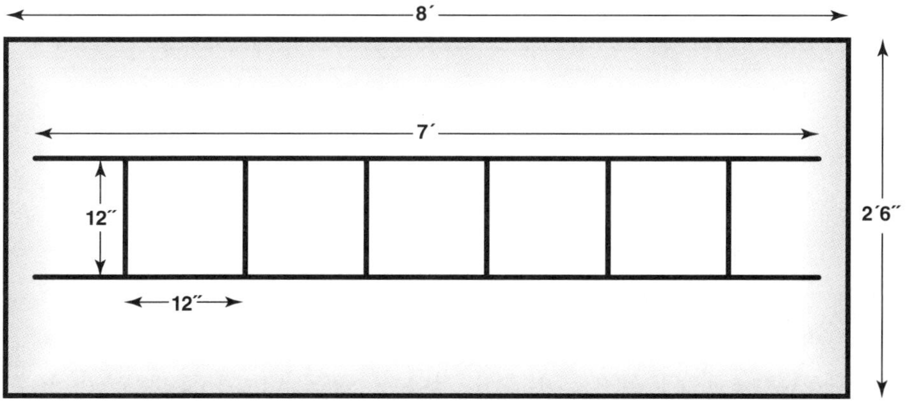

图 1.4 阶梯垫示意图

习卡片。把垫子翻过来，保证塑料套的开口向外。

跳跃、单脚跳垫

图 1.5a 显示的是跳跃、单脚跳的垫子；图 1.5b 显示的是制作好的垫子。

- 裁一块乙烯树脂塑料制作一个如图 1.5a 显示的长 8 英尺（2.4 米）的塑料对角矩形垫。
- 将胶带横向放在垫子上；胶带之间的间隔为 12 英寸（30 厘米）。
- 将垫子背面的 2 个钩环扣绊（即尼龙搭扣）放在每条垂直胶带的胶带线上沿，固定好活动学习卡片。这些卡片应该水平放在每条垂直胶带之间。把垫子翻过来，保证塑料套的开口向外。

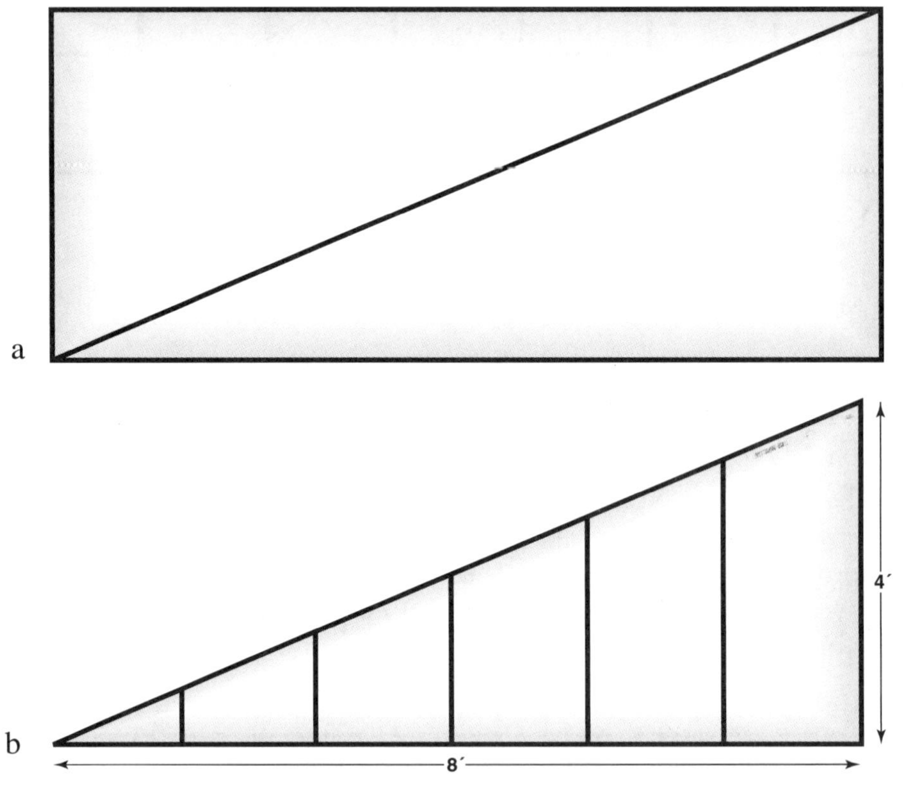

图 1.5 （a）裁一块成对角的塑料矩形；（b）如显示的那样添加胶条，做成跳跃、单脚跳垫子

墙垫

图 1.6 显示的是制作好的垫子。

- 裁一块乙烯树脂塑料制作一个高 2.5 英尺、宽 4 英尺（0.8 米 ×1.2 米）的矩形垫子。

- 将胶带（你任选颜色）纵向放在垫子上；胶带之间的间隔应为 12 英寸（30 厘米）。
- 将胶带横向放在垫子上；胶带之间的间隔应为 12 英寸（30 厘米）。
- 将垫子背面的 2 个钩环扣绊（即尼龙搭扣）放在胶带线上沿，固定好活动学习卡片。把垫子翻过来，确保塑料套的开口向外。
- 你可以到纺织品、手工艺品或折扣店买一套扣环工具来安装扣环。你还需要一把锤子和一个刀片。在乙烯树脂塑料的背面用笔标出几个扣环的位置，并在标出的扣环里面画一个圆圈。沿着你画的圆圈剪出一个洞，或在你画的圆圈里面剪出一个 X 形。将金属圈插入孔中并把它固定在织物上。将垫圈的齿朝下放在金属圈上。为了保护墙面，将大头钉放在工具的末端插进筒状的扣眼里，然后用锤子使劲敲打，这需要费点儿力气。

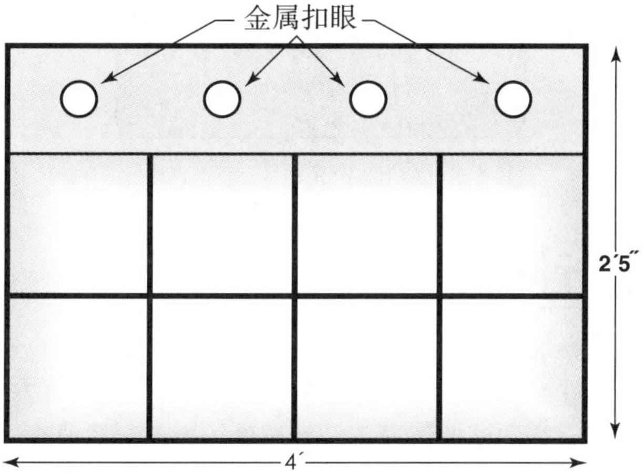

图 1.6 墙垫示意图

我们通过使用 FOO-FOO 棍，使学生体会身体意识、联想乐趣而无任何畏惧感。当我们说出某个身体部位的名称时，学生们就用 FOO-FOO 棍点其身体的那个部位。做联想活动时，当我们说出一个形状、字母或数字时，学生们就用 FOO-FOO 棍在空中画出它的轮廓。

FOO-FOO 棍

- 使用由漆包线漆膜带做成的纸板。
- 把有颜色的地板胶带（电线胶带）绕在纸板上来装饰它。
- 将一束圣诞金银丝饰物对折并用装饰带把折叠起来的金银丝饰物的末端捆好以便其够厚并便于固定在纸板卷筒的末端。
- 把捆好的金属丝末端塞进用胶带包装好的纸板底部（图 1.7）。

图 1.7　FOO-FOO 棍

对学生进行测试

为了确定能从参加感知 - 运动活动课程中受益的学生，我们建议你在进行活动课程前对他们进行测试，并为评估参加活动课程的学生的进步建立一个基准。能否在不进行这些测试的情况下开始感知 - 运动活动课程呢？如果你只在小范围内针对一小群学生进行活动课程的话，那么，不管你是否进行测试来证明学生们的进步，每个学生绝对都会从活动课程中获益。测试并不是进行活动课程所必需的。但是，对于那些想展示学生的进步、把学生的整体运动成绩与阅读成绩联系起来进行比较的人来说，就必须对参加活动课程的学生进行测试。感知 - 运动活动课程测试可由阅读测试得分和整体运动得分组成。我们进行的研究是对学生进行 TGMD-2 测试（整体运动发展测试）并将其与他们的 TPRI（早期阅读）评分关联起来，入选我们研究的学生是这两个测试分值最低的学生。我们的理想是，能把学生参加活动课程前、后的测试分数联系起来进行比较，并向我们学校领导和地区领导显示我们取得的成绩。

如果你的学生人数太多，以至于你的活动课程不能让他们所有人都参加，你就需要做出选择，以确定哪些学生们是最需要参加的，这就意味着你需要通过运动发展测试和感知测试来确定哪些学生的得分最低。

如果你想看到你的学生在整体运动发展和感知发展这两个方面取得的进步，你的测试最好包括这两方面的内容。如果是在学校，学生的学习情况可以由班级老师进行评估，而学生的运动技能可以由体育老师进行评估。测试应在学生入学后第 3 或 4 周进行，这样学生才有时间去熟悉学校的课程以及学校环境。

我们建议使用下述标准化工具来决定取得的效果：整体运动发展用TGMD-2 测试（第 2 版）和学业发展用 TPRI 早期阅读评估。如果你同许多讲西班牙语的人共事，你也可以在讲西班牙语为主的学生中使用 Tejas LEE 测试去评估阅读技能和学业基础。

作为一个有效的、可信的评估工具，TPRI（www.tpri.org）可为学生阅读和语言技巧的发展提供综合性图片。这个测试是为幼儿园到小学 3 年级学生设计的。在测试中，快速测试部分具有较详细的测试内容，可以帮助老师确定学生的优势和问题领域并检验是否进步。TRPI 不仅是有效的阅读评估工具，而且还是我们对学生进行测试以及参加我们课程的学生取得学业成绩的证据。

Tejas LEE 阅读测试（www.tejaslee.org）是一个为讲西班牙语的学生设计的与 TPRI 相当的测试工具。它可以帮助老师们快速评估幼儿园到小学 3 年级学生的早期阅读能力。Tejas LEE 的目的如下所述：

- 为学区学生提供西班牙语阅读工具
- 发现有早期阅读困难或有西班牙语阅读早期阅读困难风险的学生（幼儿园到小学 3 年级）
- 提供阅读技巧概述和综合资料，教师可以据此制订个体或小组学习计划

TGMD-2（www.proedinc.com）是一个运动学家、普通和特殊教育学家、心理学家以及理疗医师可以应用的测量普通整体运动技能的标准参照测量方法。这个测试方法有助于你确认在整体运动技能发展中明显落后于同伴的儿童（年龄在 3 岁到 10 岁 11 个月）。TGMD-2 描述了 12 种技能（每个子测验有 6 种技能）：

- 运动：跑、飞跑、单脚跳、跳跃、平跳、滑行
- 物体控制：原地击球、原地运球、踢球、接球、举手过肩投球、手不过肩滚球

当进行 TGMD-2 测试时，你和同伴每次都应采用同样的一些测试标准进行评估，这样可以保持测试分数的一致性，且更容易根据熟悉的标准对受试者进行评估。TGMD-2 测试不仅是有效的整体运动发展测试，也是我们课程中使用的测试。我们选择这个测试方法是因为：它是一个以标准化的测试，是基于学生的年龄进行评估的。大多数分数会随着学生的年龄增长而提高，并且在他们完成与他们年龄相符的等级活动课程后进行测试时，他们的分数会更高。

你也可以选择采用网络资源提供的相似整体运动技能评估方法，而不购买 TGMD-2 或其他运动技能测试课程。很简单，就是把文件下载下来。然后，你可以做多个备份（如每班一份）并用计算机管理学生的评估结果；你也可以根据需要，打印评估结果，在测试时将它们夹在夹板上备用。

当学生进行运动技能训练时，根据技能评估记录表上显示的预先确定的标准（见图 1.8 示例），观察他们的技能并给他们打分。技能评估测试得分记录如下所示：

技能评估测试记录：飞跑

姓名	两臂弯曲，做前后摆动		前脚保持不变		奔跑时，儿童面向前方		儿童继续向锥筒飞跑并返回	

图 1.8 技能评估测试记录的示范表（你可以在网络资源找到全部的评估表）

C（如果你认真观察了技能构成并能正确完成）
X（如果你没有认真观察技能构成且不能正确完成）

有些活动并不适合所有学生。因此，如果一个学生不能完成某项活动，不要担心。观察进展情况，只需将每位参加者在参加活动课程前、后 C 项的测试分数进行比较就可以了。

按照下面的指导对等级进行设置。每项活动每个儿童应该做 2 次，以计算其技能成绩的平均值。还有，每项技能有许多指标，因此，很难在一次测试中对所有指标都进行观察。

运动项目

运动项目包括走、跑、飞跑、单脚跳和跳远。

走

把 2 个锥筒间隔 20 英尺（大约 6 米）摆放。学生从站在第一个锥筒后面开始，向前走到第二个锥筒，并触摸它，然后，往回走到第一个锥筒。

跑

把 2 个锥筒间隔 25 英尺（大约 7.5 米）摆放。学生从站在第一个锥筒后面开始，向第二个锥筒方向跑过去，并触摸它，然后，往回跑到第一个锥筒。

飞跑

把 2 个锥筒间隔 20 英尺（大约 6 米）摆放。学生从站在第一个锥筒后面开始，飞快地跑向第二个锥筒，并触摸它，然后，飞快地跑回到第一个锥筒。

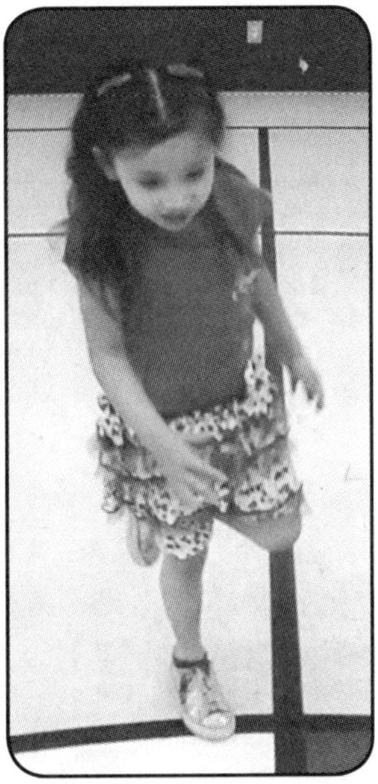

单脚跳（用一只脚）

保证让学生在 15 英尺（大约 4.5 米）长的可用空间里，用一只脚单脚跳 5 次，然后，再换另一只脚单脚跳 5 次。

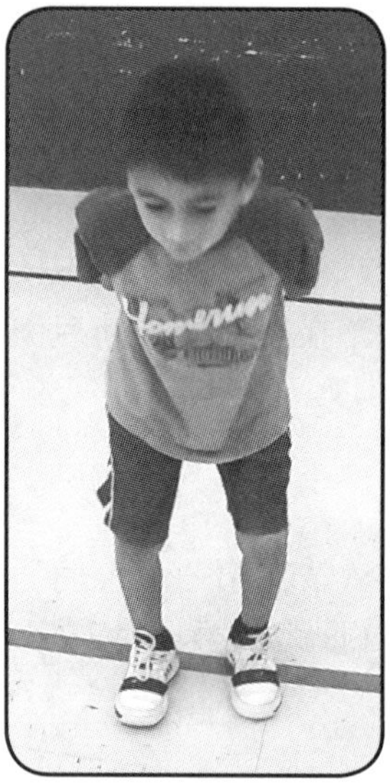

跳远

要求学生从地板上的一条直线开始双脚跳跃：起跳并落地。

物体控制运动

物体控制运动包括：手不过肩投掷，接球，踢球，向目标击球，以及运球。

手不过肩投掷

要求学生用双手把豆子袋向稍微高过他们头顶的天花板上投掷 5 次。每次投掷都要求学生用双手摆成鸟巢状接住豆子袋。鸟巢状接球是：双手掌心向上，两指小手指并排相触摸。

接球

将胶带在地板上摆成 2 条间隔 10 英尺（3 米）的直线，或可用地板上已有的一条直线（如篮球场上的线）。学生站在一条直线上，等待接住从另一条直线上投过来的一个轻而软的球（直径 4 英寸或 10 厘米）。做 2 次标准动作。

踢球

将地板胶带摆成2条间隔10英尺长（3米）的直线，或可用地板上已有的一条直线（如篮球场上的线）。学生站在一条直线上，把一个泡沫塑料足球放在另一条直线上。学生从第一条直线向前跑，不停下来，把球踢出去。

向目标击球

将一个击球座放置在离墙8英尺（约2.4米）远的地方（我们用一条线系住放在球座上的球。）将一个轻的、直径4英寸（10厘米）的球放在跟学生的腕部一样高的球座上，让他们用塑料棒击球。

运球

学生用任意一只手运行一个直径8英寸（20厘米）的球5次。

平衡运动

平衡运动是对动态平衡和静态平衡进行评估。

动态平衡

让学生或者用从脚跟到脚尖，或者用脚板行走的方式（由学生决定用哪种），在一条直线上行走（将地板胶带摆成一条直线，或用地板上已经有的直线）。直线至少应该有 15 英尺长（大约 4.5 米）。

静态平衡

应该有一个保持平衡的区域（我们可以用一个环）。让学生用一只脚站立，并保持 8 秒钟的平衡；然后，用另一只脚做同样的动作。可以使用秒表帮助我们记录活动时间。

感知 - 运动活动课程的开展

以下是我们从实践中获得一些经验，希望有助于你顺利开展你的活动课程。

- 将每一个等级活动的位置设置在活动室的相同位置，这样虽然每周使用的器材不一样，但等级活动的位置不变。
- 将学生按等级活动分组，以便他们知道每次开始活动的位置。等级活动应该按顺序进行，可以用有不同特征的锥筒外套提示学生他们要进行的下一个等级活动。活动轮替应该按照相同的顺序进行。
- 分组根据学生的能力和性格进行，每组大约 4 名学生（如某组学生是积极的，或畏缩不前的，或能力不同的）。每组学生要获得成功要都有所进步。为了使小组组合适当，你可能需要做一些调整变动。鼓励学生彼此合作，相互帮助以取得个人进步。
- 如果你的小组人数比较多，那就增加一些等级活动；如果小组人数比较少，就减少一些等级活动。我们每周应用 8 个等级活动，但这只是一个建议。如果你需要缩小你的活动规模，可以减少一些等级活动，可以挑选一些对你的学生最有益的等级活动。每个等级活动都应保证有足够的器材，以使每名学生真正投入到活动中，除非是垫上活动、平衡木活动，或需要学生们轮流使用器材的活动（如跳箱活动）。
- 你还需要根据参加教学的成人人数计划你的等级活动，以帮助需要帮助的学生（如在一些学生容易摔倒在地上等级活动中，例如，走平衡木的活动，需要有成人在旁保护）。
- 活动过程中必须播放音乐。等级活动音乐是有固定时间的音乐，播放完毕时自动停止，有助于学生按照等级顺序转换等级活动。它对于确保老师按时进行某项活动是一种非常重要的工具，但更重要的是，它是提示学生何时停止、离场和轮换以及何时开始下一个等级活动的信号。网络资源上有这些音乐，你可以把这些音乐下载下来，也可以保存在 CD 上并用移动设备播放。你可以播放一个 3 分钟的轮换音乐来进行轮换，中间有 15 秒钟的停顿（为学生提供轮换的时间），给学生一个进行下一个活动的信号。

  在向学生们介绍等级活动和进行一些具体的指导之前，你自己首先要熟悉这些内容。在你的活动课程开始的第一周的第一天，你要指导你的学生完成每项活动，即使他们过去已经做过了。在活动课程的第二周，等级活动会有变化，在开始活动的第一天，老师会再次讲解；在其余几天，学生们可以在音乐开始时进行活动。以后每周都这样完成活动。
- 学生们每次走进体育馆时，都要提醒他们注意安全守则。你要保证对学生们在地板上进行的所有等级活动进行严格地管理（即，跳箱，地板平衡木）。
- 要灵活，必要时要根据学生们的需求做一些变化。通过让学生们完成整个一周相同的等级活动来体验成功的感受。瞬间的成功不能说明问题，但练习一定会产生很大的不同。

- 你需要每天观察不同的等级，这样你就可以给需要帮助的个体提供帮助。显然，如果需要更多练习时间的话，那下周就重复做这些等级。重复做某些等级对大多数参加者来说显然是太难了。以后你可以再尝试去做。
- 给学生们更多地支持、鼓励和表扬！

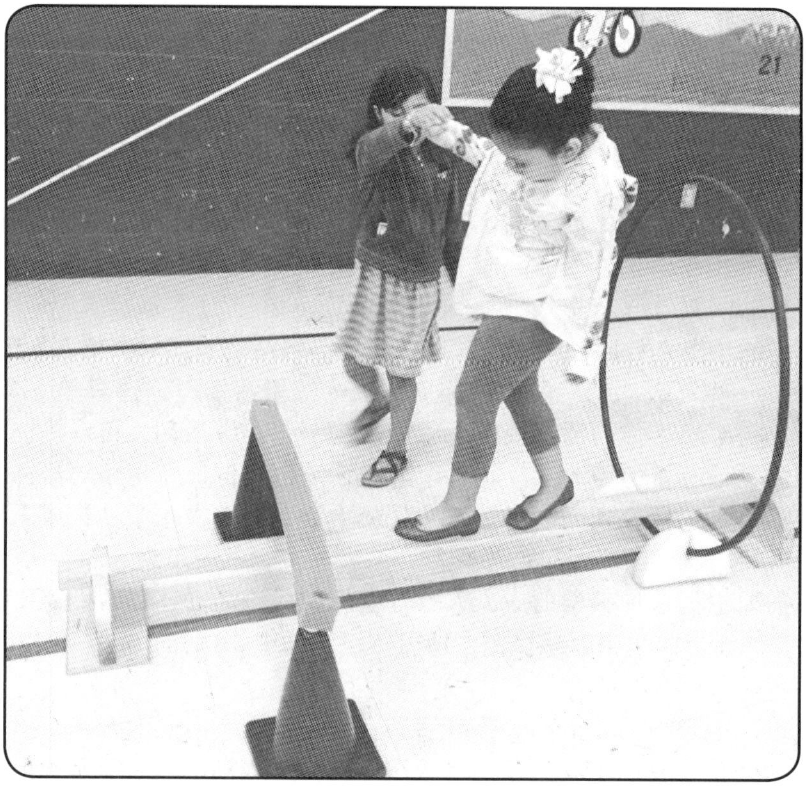

鼓励学生们一起活动，互相帮助取得成功

成绩评估

尽管在进行感知 - 运动活动课程中没有必要进行一些非正式的评估，但是，当你在进行正式的活动课程中，对正在活动中的学生进行监督时，很容易得到一些非正式的反馈。

最好是在活动课程结束时，重复这个测试过程。作为一名教育工作者，我们认为有了某些进步就等于是成功了，因为学生只要能做到就是最好的。但是，活动课程之后的测试是应该进行的，目的是为了证明课程的有效性。应该与你的管理部门分享你的评估结果，以取得他们对你活动的支持。根据 TPRI 测试，即使某些学生的分数提高了，而且也取得了成功的结果，但是他们的认知可能还没有得到充分的发展。课程是为普通教育的学生设计的，但是，对特殊教育的学生也同样非常有益。

图 1.9 显示参加我们活动课程的学生在（a）整体运动和（b）阅读分数上的成绩与控制组的比较。这些结果已经向我们的管理部门和父母证明了我们的课程的确有效！

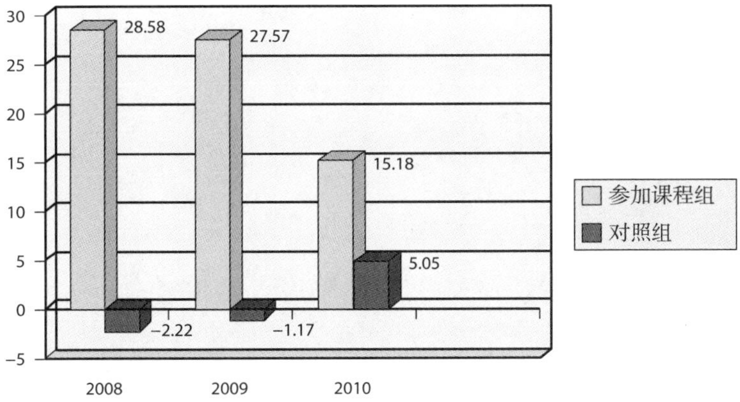

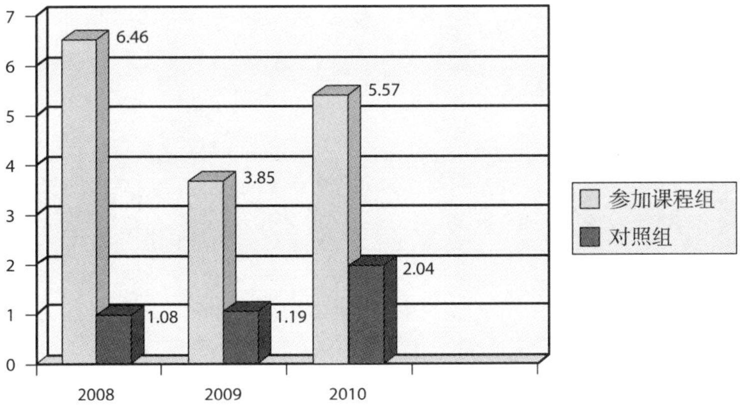

图 1.9 这些坐标图把参加感知 - 运动活动课程的学生和没有参加活动课程的控制组的学生在（a，通过 TGMD-2 测量）整体运动测试上的得分和（b，通过 TPRI 测量）阅读测试上的得分进行了比较。这些图代表了前 3 年的测试（2008—2010）

总结

应该为所有儿童提供发展他们所需要的感知 - 运动技能的机会，提高并支持智力技能的发展，以获得学习和生活上的成功。作为一名教育工作者，我们的工作就是保证每位儿童可能达到的最佳状态。在实际的运动、学习和娱乐中发展儿童大脑的神经通路，是件轻松、合理和非常令人高兴的事情

2

左右对称活动

左右对称运动发展运动控制和协调性。假如儿童不掌握左右对称运动，他/她的学习和认知发展就会由于缺乏促进脑组织发育的神经系统的刺激而产生消极的影响。身体左右两侧运动的不协调可导致大脑功能的退变。

按照下面的指导，每周选择一种适合的活动学习卡片：

第 1 周：颜色和性状
第 2 周：数字
第 3 周：小写字母
第 4 周：配有图和小写字母
第 5 周：大写字母
第 6 周：配有图和大写字母
第 7 周：配有小写字母和拼字
第 8 周：配有大写字母和拼字

尽管这些活动类型会给你一些可遵循的、一般性的指导，但是，某些具体的活动可能会比这里描述的活动更能唤起你对某个不同类型的活动的记忆。

左右对称活动

第1周
第1级

技能发展

偏重身体一侧、运动技能、运动设计

器材

- 6只带有透明外套的锥筒
- 活动学习卡片（不同的形状）

设置

把6只约4英尺（1.2米）高的锥筒摆放成一条直线（图片上显示了不同形式交错摆放的锥筒）。每一只锥筒的套子上应该贴有一张显示不同色彩、形状的活动学习卡片。

活动

面向前方，从一只锥筒跳向另一只锥筒。双脚同时跳起、落地。沿着这个方向，双手同时触摸锥筒的顶部，并说出显示在这只锥筒上的卡片的颜色和形状。

技能检查

- 确定学生是从一只锥筒跳向另一只锥筒，而不是跑过去的。
- 提醒学生放慢动作，重点运用正确的立定跳远姿势：
  - 起跳前弯曲双膝，双臂向身体后伸展。

- 起跳时，向前上方用力甩双臂（高过头顶）。
- 双脚同时起跳并落地。
- 双臂向下运动，并落下。

技能发展

偏重身体一侧、运动技能、运动设计

器材

- 跳房子游戏垫
- 活动学习卡片（形状）

活动

双脚从一块正方形里跳到另一块正方形里。落地时，说出所踩的那块正方形上面的卡片显示的形状和颜色。

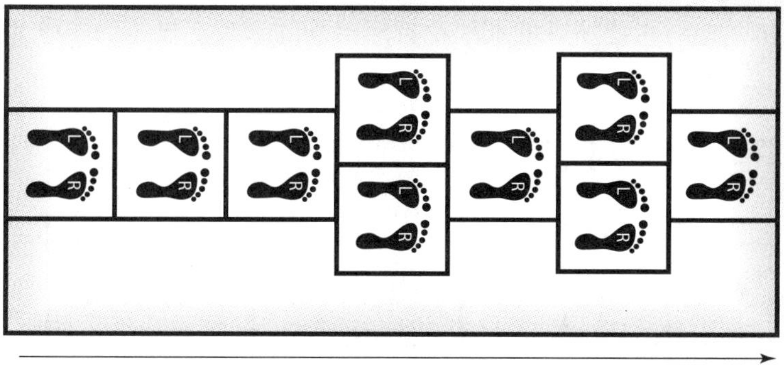

跳进每块正方形里

技能检查

- 学生可以尝试去做一个常用的跳房子游戏。保证他 / 她的双脚可以同时跳进每块正方形里。
- 提醒学生放慢动作，重点是运用正确的立定跳远姿势：
  - 起跳前弯曲双膝，双臂向身体后伸展。
  - 起跳时，向前上方用力甩双臂（高过头顶）。
  - 双脚同时起跳并落地。
  - 双臂向下运动并落下。

左右对称活动

第1周
第3级

技能发展

偏重身体一侧、运动技能、运动设计

器材

- 地板垫
- 墙垫
- 活动学习卡片（不同的形状）

设置

- 把墙垫的吸力钩粘在离地面约 4 英尺（1.2 米）高的墙面上。
- 如果做了两套卡片，那么，就可以在相邻的正方形里使用相同的卡片。如果只有一套卡片，就把不同的卡片放在每块正方形里。

活动

- 地板垫：双脚同时起跳。两只脚应该并排落在各自的正方形里。双脚落地时说出所踩的那块正方形上面的卡片上显示的颜色和形状。

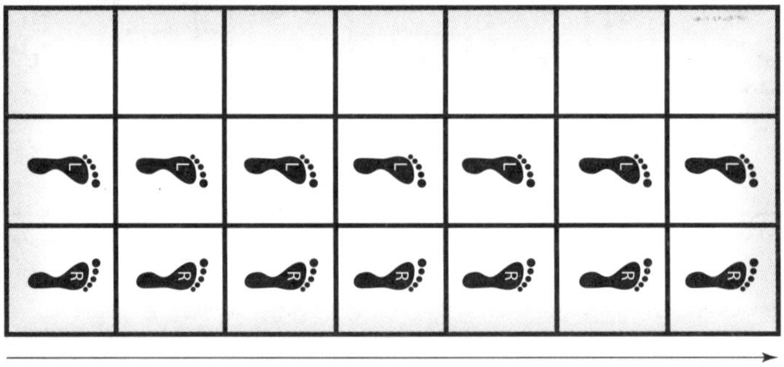

- 墙垫：让学生将双手同时放在相邻的两块正方形墙垫上。当双手触摸正方形时说出每块正方形上面的卡片上显示的颜色和形状。

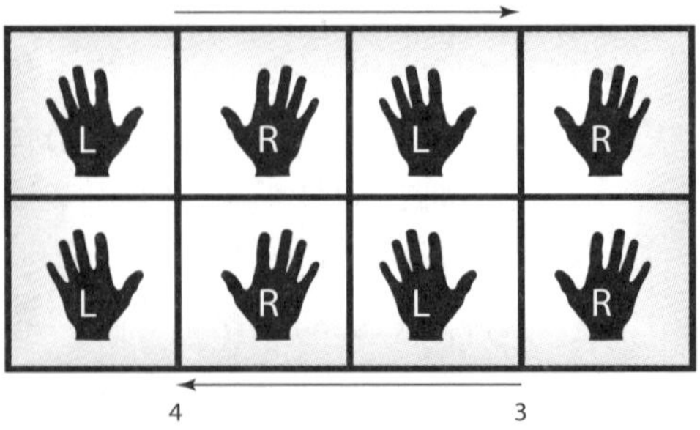

技能检查

- 学生应该能大声地说出卡片上显示的内容。
- 保证学生双手同时触摸墙垫。
- 提醒学生放慢动作，重点是运用正确的立定跳远姿势：
  - 起跳前弯曲双膝，双臂向身体后伸展。
  - 起跳时，向前上方用力甩双臂（高过头顶）。
  - 双脚同时起跳并落地。
  - 双臂向下运动并落下。

左右对称活动

第 1 周
第 4 级

技能发展

偏重身体一侧、动态平衡

器材

- 地板平衡木——最好大约 6 英尺（1.8 米）长，离地板不超过 6 英寸高（15 厘米）
- 直径 8.5 英寸（约 21.5 厘米）的运动球
- 活动学习卡片

设置

把 8 张活动学习卡片沿着地板平衡木摆放——每边放 4 张（两边的卡片间隔 2 英尺或大约 0.6 米）。

活动

1. 站在平衡木上，双手抱球向前走。
2. 站在平衡木上双手抱球往回走。
3. 向前走时，在右侧的卡片上拍球。往回走时，在左侧的卡片上拍球。

技能检查

- 提醒学生双手抱球（有些学生会尝试用一只手抱球）。
- 提醒学生每次开始之前不要慌，要保持平衡。
- 如果某个学生在平衡木上行走有困难，就让他在地板上走直线。
- 保证学生使用正确的运球姿势：
  - 保持眼睛向前看。
  - 用指腹而不是指尖。
  - 控制好身体两侧和手腕高度。
  - 右脚落在左脚的后面，留出“脚空”，在“脚空”处运球。

第1周
第4级

- 保证学生使用正确的行走姿势：
  - 保持身体垂直。
  - 应该能从耳朵到肩膀划一条直线。
  - 使髋骨、膝盖和踝骨成一直线。
  - 头部保持水平并向前看，下颚应该与地面保持平行。
  - 两肩放松，双臂弯曲。
  - 摆动双臂，与双脚运动方向相反。
  - 从足跟到足尖行走。

左右对称活动

第1周
第5级

技能发展

运动设计、整体运动协调

器材

- 阶梯垫
- 活动学习卡片（不同的形状）

活动

双脚同时跳过每块阶梯垫的横线。落地时，说出所在的那块正方形上的卡片显示的颜色和形状。

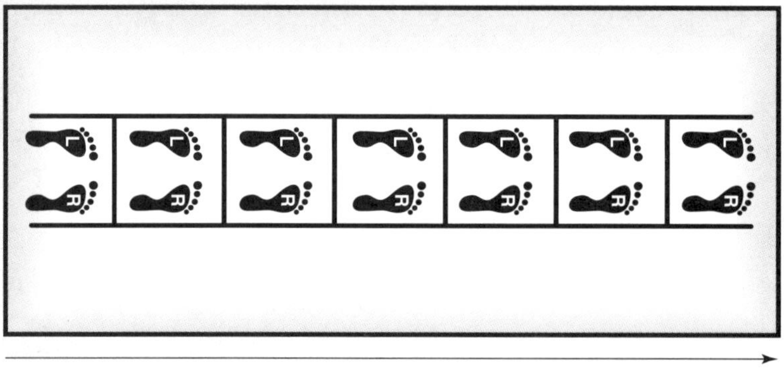

技能检查

- 提醒学生大声说出他/她所在正方形上面的卡片上的颜色和形状。
- 提醒学生放慢动作，重点是运用正确的立定跳远姿势：
  - 起跳前弯曲双膝，双臂向身体后伸展。
  - 起跳时，向前上方用力甩双臂（高过头顶）。
  - 双脚同时起跳并落地。
  - 双臂向下运动并落下。

第1周
第6级

技能发展

空间意识、眼 - 手协调性

器材

- 给每个儿童一个呼啦圈，其颜色要与卡片上图形的颜色相匹配，建议呼啦圈的尺寸是直径 30 英寸（0.75 米）
- 每个儿童一个直径 8.5 英寸（约 21.5 厘米）的运动球
- 活动学习卡片（形状）

设置

沿直线把呼啦圈两两间隔 3 英尺（约 0.9 米）摆放。在每个呼啦圈里放一张活动学习卡片。

活动

1. 让学生在第 1 个呼啦圈的外面绕行的同时，用双手在呼啦圈里面拍球。
2. 拍球时说出呼啦圈里的卡片显示的颜色和形状。
3. 从一个呼啦圈到一个呼啦圈重复做拍球运动，直到走完所有的呼啦圈。

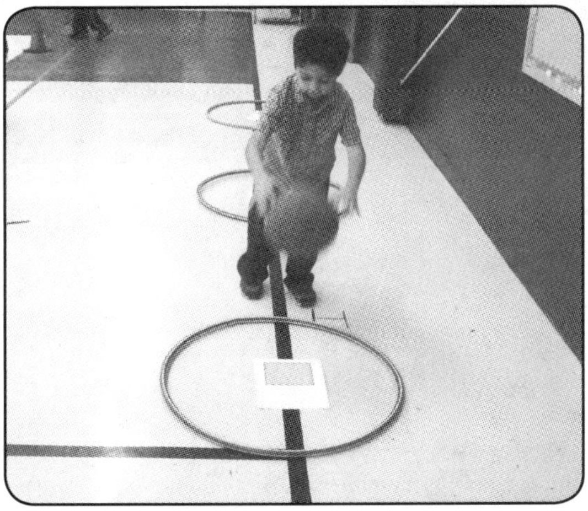

技能检查

- 学生应该能用手指拍球（而不是用手掌拍球）。
- 球应该落在学生前面的地面上。
- 学生应该保持对球的控制，至少连续拍球 4 次。

左右对称活动

第1周
第7级

技能发展

偏重身体一侧、运动设计、整体运动协调

器材

Poly 圆点（不同的颜色）

设置

沿直线把 6 个 Poly 圆点两两间隔 1 英尺（大约 0.3 米）摆放。

活动

从一个圆点向另一个圆点做蛙跳跳跃。当跳到每个圆点上时，说出圆点的颜色。

技能检查

- 提醒学生放慢动作，重点是运用正确的蛙跳姿势：
  - 以蹲伏的姿势开始。
  - 把双手放在两腿之间的地板上。
  - 把双手移动到身体前不远的地板上。
  - 保持双脚和双手同在地板上，跳起，双脚落在双手附近的地面上。

技能发展

身体意识、运动设计、整体运动协调

器材

无

活动

1. 做5个屈体分腿跳（仅用两脚做从并拢到分开至与肩同宽的跳跃运动）。每次跳跃之后，说出字母表的前5个字母。
2. 只用手臂从体侧向头顶做5次并拢的运动。每次运动后，重复字母表的前5个字母。
3. 做5次慢的跳跃运动（手臂和腿），每跳一下都要大声报数。

技能检查

- 提醒学生放慢动作，重点是运用正确的跳跃姿势：
  - 双脚并拢站立，双臂下垂放在身体两侧开始。双脚跳起与肩同宽，双手放在头顶（同时运动手和脚）。
  - 再次跳起，双脚并拢，双臂放回到身体两侧，呈开始状态。

左右对称活动

第2周
第1级

技能发展

运动技能、运动设计、空间意识

器材

- 10只带有透明外套的锥筒
- 活动学习卡片（数字1~10）

设置

把锥筒两两间隔4英尺（约1.2米）分散摆开，如图显示。

活动

随意做蛙跳，从一只锥筒向另一只锥筒跳跃。学生跳到每只锥筒时，触摸并说出显示在锥筒上卡片的颜色和数字（除了锥筒使用了不同的数字之外，这个活动和第3周的第1级活动一样）。

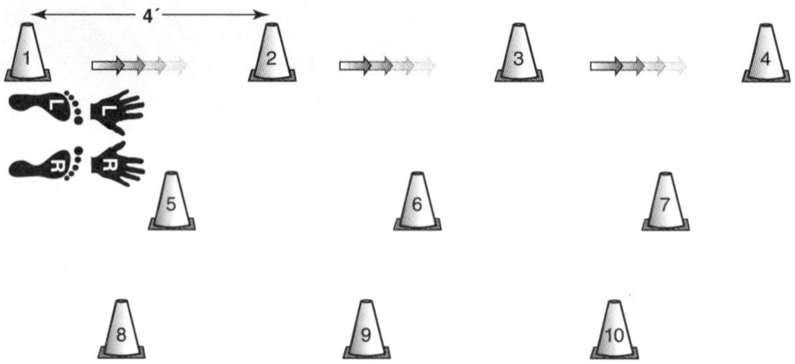

蛙跳

技能检查

- 提醒学生放慢动作，重点是运用正确的蛙跳姿势：
  - 以蹲伏的姿势开始。
  - 把双手放在两腿之间的地板上。
  - 把双手移动到身体前方不远的地板位置上。
  - 保持双脚和双手同在地板上，跳起，双脚落在双手附近的地面上。

技能发展

偏重身体一侧、运动技能、运动设计

器材

- 跳房子游戏垫
- 活动学习卡片（不同的数字）

活动

双脚并拢从一块正方形跳跃到另一块正方形，在每块正方形里跳跃两次。双脚落地时说出显示在正方形上面的卡片的颜色和数字。

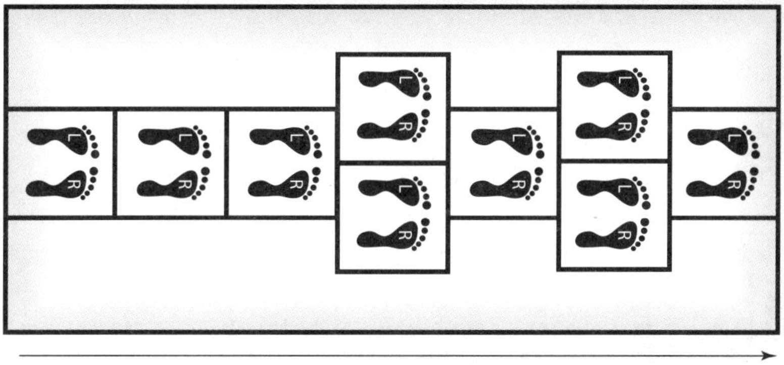

在每块正方形里跳 2 次

技能检查

- 学生可以尝试做一个常用的跳房子游戏。保证他或她的双脚同时跳进每块正方形里。
- 提醒学生放慢动作，重点是运用正确的立定跳远姿势：
  - 起跳前弯曲双膝，双臂向身体后伸展。
  - 起跳时，向前上方用力甩双臂（高过头顶）。
  - 双脚同时起跳并落地。
  - 双臂向下运动并落下。

左右对称活动

第2周
第3级

技能发展

偏重身体一侧、运动设计、整体运动协调

器材

- 地板垫
- 墙垫
- 活动学习卡片（数字）

设置

如果有两套卡片，可以在邻近的正方形里使用同样的卡片。如果只有一套卡片，就把不同的卡片放在每块正方形里。

活动

- 地板垫：双脚同时跳起。双脚应该并排落在各自的正方形里。当落地时，说出双脚落在的那两块正方形上面的卡片的颜色和形状（这个活动和第 1 周的第 3 级的活动一样）。

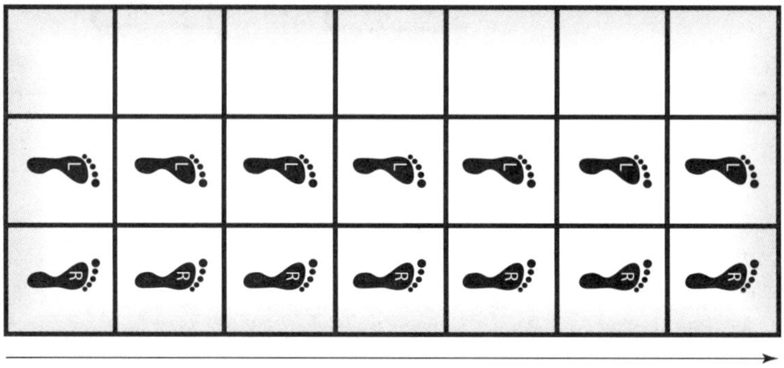

- 墙垫：每次在垫子前面跳起来用双手拍打垫子时，同时也拍打邻近的正方形垫子。说出显示在学生拍打的每块正方形上面的卡片的颜色和数字。继续向前走到下一组正方形。

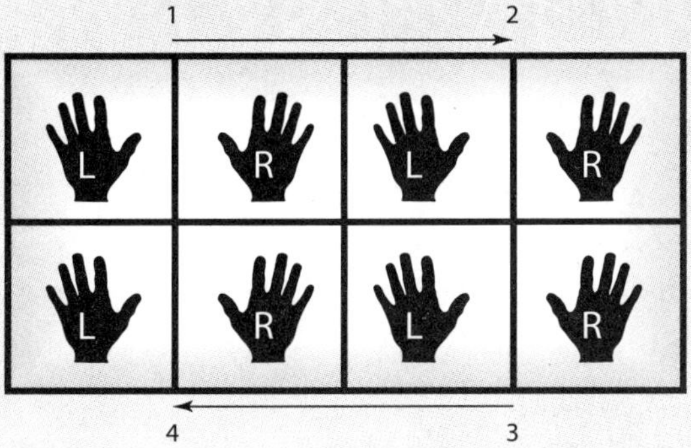

技能检查

- 学生应该大声地说出卡片上显示的内容。
- 确保学生双手同时触摸墙垫。
- 提醒学生重点是运用正确的立定跳远的姿势：
  - 起跳前弯曲双膝，双臂向身体后伸展。
  - 起跳时，向前上方用力甩双臂（高过头顶）。
  - 双脚同时起跳并落地。
  - 双臂向下运动并落下。

第2周
第4级

技能发展

运动技能、运动设计、空间意识

器材

Foo-Foo 棍（每个学生两根）

活动

1. 用两根棍触摸脚趾（一个棍触摸一只脚），并说出“脚趾”。
2. 用两根棍触摸膝盖，并说出“膝盖”这个词。
3. 用两根棍触摸肩膀，并说出“肩膀”这个词。
4. 用两根棍触摸头，并说出“头”这个词。

技能检查

保证学生正确地使用 Foo-Foo 棍。学生有使用 Foo-Foo 棍作为剑或物体互相击打的倾向，警告他们 Foo-Foo 棍是用来确定身体部位的。

技能发展

运动设计、整体运动协调、空间意识

器材

- 阶梯垫
- 活动学习卡片（不同的形状）

活动

做跳跃运动，每次跳跃一块正方形阶梯——两只脚依次在第一块正方形的里面 、第二块正方形的外侧（两只脚各自在正方形的一侧）、第三块正方形里面，依此类推。说出脚踩在的每块正方形上面的卡片显示的颜色和形状。

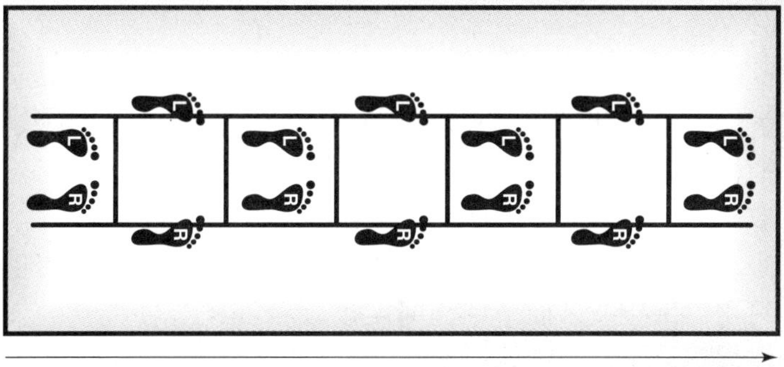

技能检查

- 鼓励学生放慢动作，并说出卡片上显示的内容。
- 提醒学生慢下来，重点是运用正确的跳跃运动姿势：
  - 开始时双脚并拢，两臂放在身体两侧。
    双脚跳开与肩同宽，双手合拢放在头上（同时运动双手和双脚）。
  - 再次跳跃，双脚跳回并拢状，双臂放回身体两侧，恢复原位。

左右对称活动

第2周
第6级

技能发展

偏重身体一侧、运动设计、整体运动协调

器材

- 每个学生一块踩脚板
- 每个学生一个豆子袋

活动

1. 双脚同时踩在踩脚板上，把豆子袋弹向空中。双手接住袋子，并说出袋子的颜色。尝试做5次。
2. 双脚同时踩在踩脚板上，把豆子袋弹向空中。立刻击掌，并用双手接住袋子。尝试做5次。

技能检查

- 保证学生用双脚踩脚。
- 提醒学生放慢动作，重点是运用正确的鸟巢捕捉姿势（双手掌心朝上捕捉）：
  - 双手伸到身体前方，两肘弯曲做准备。
  - 当袋子快接近时，双手掌心朝上，伸到够得着袋子的地方。
  - 只用双手接袋子而不用胸部接触。
  - 在捕捉袋子时两眼要一直注视着袋子。

技能发展

空间意识、整体运动协调

器材

- 8个呼啦圈（直径28~30英寸；呼啦圈的颜色应该和活动卡片的颜色相匹配）
- 每个学生一个直径8.5英寸（约21.5厘米）的运动球
- 活动学习卡片（不同的形状）

设置

把呼啦圈摆成一个间隔3英尺（大约0.9米）的圆。每个呼啦圈里放一个活动学习卡片。

活动

从第一个呼啦圈开始，说出呼啦圈里卡片的颜色和形状。然后，用双手做运球状在呼啦圈里运球5次，运球时从1数到5。移到下一个呼啦圈里，重复这个动作。

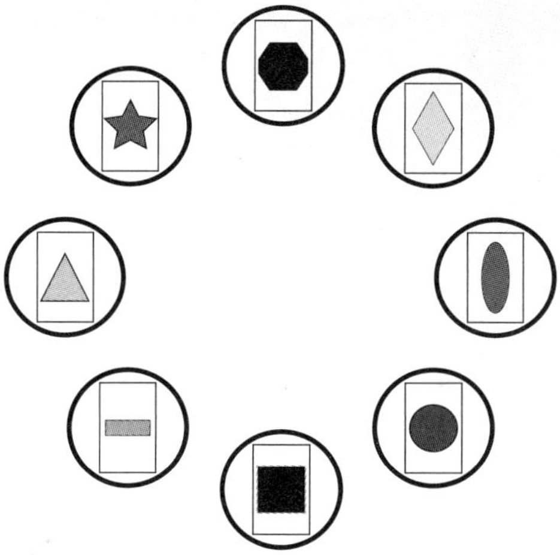

技能检查

- 应该把球放在学生前面的地面上。
- 双眼注视前方。
- 用指腹而不是指尖。
- 用水平于或低于腕部的高度运球。
- 学生应该控制球，至少连续拍球4次。

左右对称活动

第2周
第8级

技能发展

眼 - 手协调、追踪技能

器材

- 每个学生一个豆子袋
- 6 只锥筒
- 活动学习卡片（不同的数字）

设置

把 6 只锥筒按照数字顺序摆成一条两两间隔大约 4 英尺（1.2 米）的直线。

活动

从一只锥筒向另一只锥筒跳跃，并用双手投掷和接住袋子 5 次，同时辨别锥筒上面的卡片上的数字和颜色。

技能检查

- 保证学生使用鸟巢捕捉。
  - 双手伸到身体前方，两肘弯曲做准备。
  - 当袋子快接近时，双手掌心朝上，伸到够得着袋子的地方。
  - 只用双手接袋子而不用胸部接触。
  - 在捕捉袋子时两眼要一直注视着袋子。

第3周
第1级

技能发展

运动技能、运动设计、空间意识

器材

- 10 只带有透明外套的锥筒
- 活动学习卡片（不同的数字）

设置

应该两两间隔 4 英尺（1.2 米）把锥筒分散摆放在整个空间。

活动

做小兔子跳跃，从一只锥筒向另一只锥筒跳跃。当跳到一只锥筒时，触摸并说出显示在锥筒上面的卡片的颜色和数字。（这个活动除了使用小兔子单腿跳之外，其他的内容和第 2 周的第 1 级活动一样。）把这个课程拓展为 1 周，你可以更换数字，提出你认为适合学生的挑战性内容。

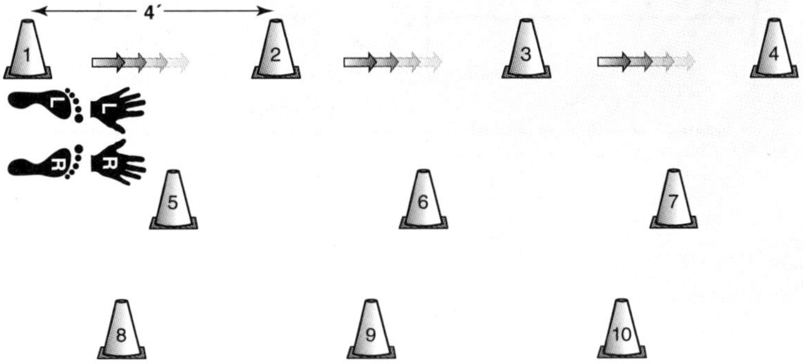

小兔子单腿跳

技能检查

- 提醒学生放慢动作，重点是运用正确的小兔子跳跃的姿势：
  - 以蹲坐式开始。
  - 把双手放在两腿之间的地板上。
  - 把双手移动到离身体前面不远的地板位置上。
  - 双脚一起向前跳、落下，返回到蹲坐式的位置上，双手放在两腿之间的地板上。

左右对称活动

第3周
第2级

技能发展

偏重身体一侧、运动技能、运动设计

器材

- 跳房子游戏垫
- 活动学习卡片（不同的数字）

活动

双脚并拢，向后从一块正方形里跳跃到另一块正方形里。每跳到一块正方形里时，说出正方形上面的卡片显示的数字和颜色。

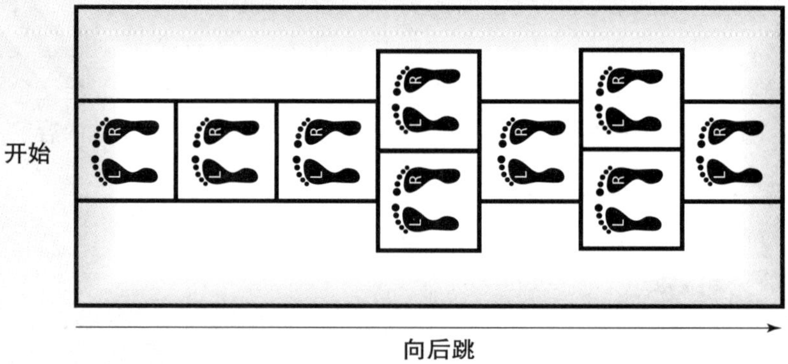

技能检查

- 学生可以尝试去做一个常用的跳房子游戏——保证他或她的双脚跳落在每块正方形里。
- 保证学生使用正确的跳跃姿势：
  - 起跳前弯曲双膝，双臂向身体后伸展。
  - 起跳时，向前上方用力甩双臂（高过头顶）。
  - 双脚同时起跳并落地。
  - 双臂向下运动并落下。

第3周
第3级

技能发展

偏重身体一侧、运动设计、整体运动协调

器材

- 地板垫
- 墙垫
- 活动学习卡片（不同的数字）
- 胶粘吊钩

设置

用胶粘钩把垫子粘在墙上。

活动

- 地板垫：双脚同时在垫子上跳跃，并跳过垫子。双脚应该并排落在各自的正方形里。每次落地时双手击掌。

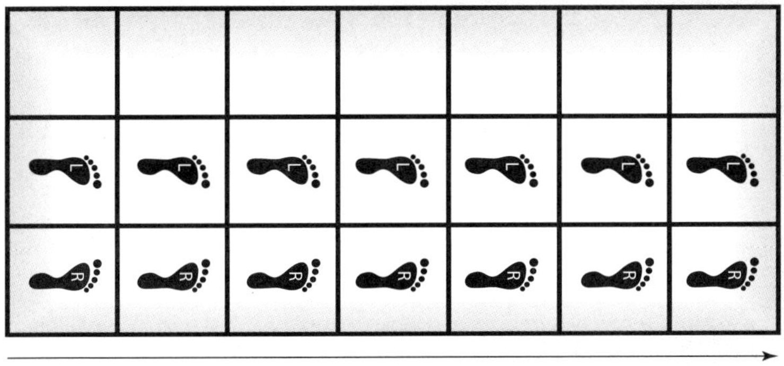

- 墙垫：在垫子前面跳跃两次，并同时用双手触摸垫子及邻近的正方形。说出所击打正方形上面的每张卡片的颜色和数字。

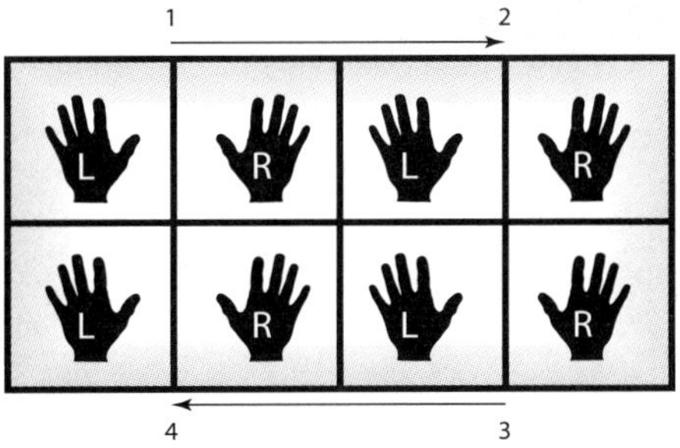

技能检查

- 鼓励学生大声说出卡片上的数字和颜色。

左右对称活动

第3周
第3级

- 保证学生同时用双手击打墙垫上的正方形。
- 提醒学生重点是运用正确的立定跳远的姿势：
  - 起跳前弯曲双膝，双臂向身体后伸展。
  - 起跳时，向前上方用力甩双臂（高过头顶）。
  - 双脚同时起跳并落地。
  - 双臂向下运动并落下。

第3周
第4级

技能发展

方向性、运动设计、整体运动协调

器材

每个学生一个呼啦圈

活动

1. 双脚站在第 1 个呼啦圈里面，开始。
2. 从一个呼啦圈向另一个呼啦圈跳跃，每次跳跃做一个 1/4 旋转。
3. 以这种方式跳完全程，每次跳跃之后说出字母表的一个字母。

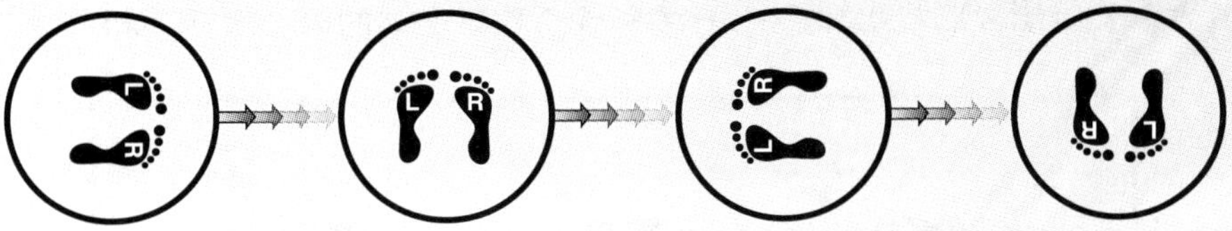

技能检查

- 提醒学生放慢动作，重点是运用正确的立定跳远姿势：
  - 起跳前弯曲双膝，双臂向身体后伸展。
  - 起跳时，向前上方用力甩双臂（高过头顶）。
  - 双脚同时起跳并落地。
  - 双臂向下运动并落下。

左右对称活动

第3周
第5级

技能发展

运动设计、整体运动协调、空间意识

器材

- 阶梯垫
- 活动学习卡片（不同的数字）

活动

做跳跃运动，每次跳跃一块正方形阶梯——两脚依次跳在第1块正方形里、第2块正方形外侧（两只脚分别在正方形一侧）、第3块正方形里，依此类推。说出踩在的每块正方形上的卡片上显示的颜色和数字。（除了用数字卡片代替形状卡片之外，这个活动和第2周的第5级活动相同。）

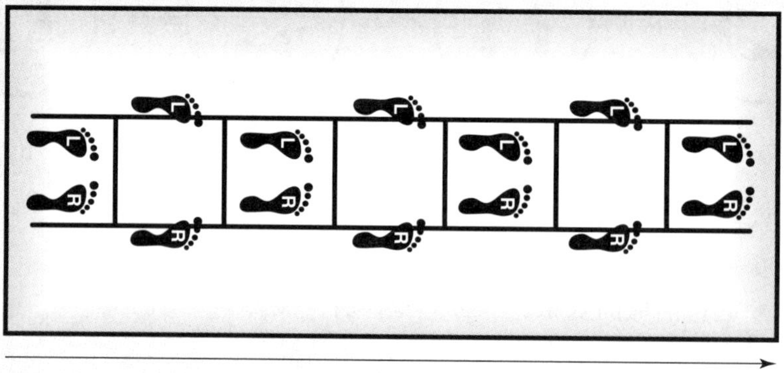

技能检查

- 鼓励学生放慢动作，并要说出卡片上显示的内容。
- 提醒学生慢下来，重点是运用正确的跳跃运动姿势：
  - 开始时双脚并拢，两臂放在身体两侧。
  - 双脚跳起与肩同宽，双手并拢放在头上（同时运动双手和双脚）。
  - 再次跳起，双脚跳回并拢状，双臂放回身体两侧，恢复原位。

第3周
第6级

技能发展

运动设计、眼 - 手协调、眼 - 脚协调

器材

- 每个学生一块跺脚板
- 每个学生一个豆子袋

活动

1. 双脚同时踩在跺脚板上，把豆子袋弹向空中，双手接住袋子时说出字母表的字母。重复做 5 次。
2. 双脚踩在跺脚板上，把袋子弹向空中，马上击掌并用双手接住袋子，同时说出字母表的字母。重复做 5 次。
3. 双脚踩在跺脚板上，把袋子弹向空中。双手握一只球拍，并尽可能多地用球拍在空中击打袋子。每次击打之后，说出字母表里的字母。

技能检查

- 保证学生用双脚跺跺。
- 提醒学生放慢动作，重点是运用正确的鸟巢捕捉（掌心朝上双手捕抓）的姿势：
  - 双手伸到身体前方，两肘弯曲做准备。
  - 当袋子快接近时，双手掌心朝上，伸到够得着袋子的地方。
  - 只用双手接住袋子而不用胸部接触。
  - 在捕捉袋子时两眼要一直注视着袋子。

左右对称活动

第3周
第7级

技能发展

偏重身体一侧、运动设计、整体运动协调

器材

- 踏板车踏板
- 绳子（6 英尺或 1.8 米长）
- 排球栏杆或类似的器械

设置

把绳子系在排球栏杆或类似的器械底部，并把它全部展开放在地上。把绳子的末端随意地固定在踏板车上。

活动

把腹部贴在踏板车的踏板上。用双手，而不是交替用双手抓住绳子的同一点，沿着绳子把自己往前拉。每次重新抓紧绳子时就大声报数。看看拉多少次绳子才能到达终点？

技能检查

- 安全地贴在踏板车的踏板上（例如，绝不能站在踏板上，应该用双手抓住绳子，头发和衣服应远离车轮）。
- 学生应该把腹部贴在车板上。
- 学生应该同时使用双手。

技能发展

眼 - 手协调、准确投掷

器材

- 直径 8.5 英寸（约 21.5 厘米）的运动球
- 大铁罐
- 地板胶带

设置

用胶带在地板上标记一条到垃圾桶长 4 英尺（1.2 米）的直线。学生站在这条线上投掷和拍球。

活动

1. 用双手手不过肩投掷，把球投向前方的铁罐里，然后把球取回。报出每次的投球数。学生可以跳跃 2 秒、5 秒或 10 秒并报数。重复这个动作，直到投球 10 次为止。
2. 双手拍球，把球弹进铁罐里，然后把球取回。从字母表的开头字母开始，每投一次球后，说出一个字母。重复这个动作，直到投球 10 次为止。

手不过肩投球

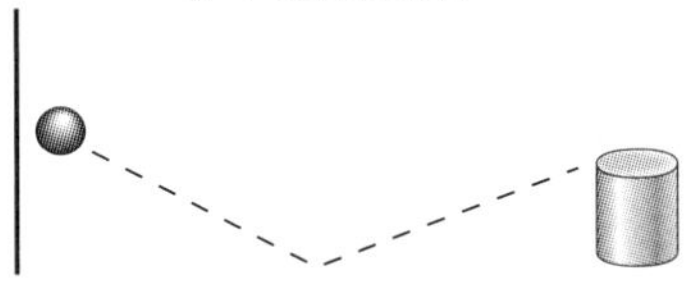

双手拍球

技能检查

保证学生用双手投球和拍球。手掌心朝上，并且投掷不应该高过双肩，这样的投掷才可能在头顶上方。

左右对称活动

第 4 周
第 1 级

技能发展

运动技能、运动设计、空间意识

器材

- 6 只带有透明外套的锥筒
- 活动学习卡片（配有字母或图）

设置

沿直线把 6 只锥筒摆成两两间隔 4 英尺（1.2 米），把配好的字母和图片交替放在每只锥筒上：字母 A、苹果图、字母 B、球图、字母 C、猫图。

活动

面向前方，从一只锥筒向另一只锥筒跳跃。跳到每只锥筒前面时，说出锥筒上卡片显示的字母或图。

技能检查

- 保证学生是从一个锥筒跳到另一个锥筒的，而不是跑过去的。
- 提醒学生放慢动作，重点是运用正确的立定跳远的姿势：
  - 起跳前弯曲双膝，双臂向身体后伸展。
  - 起跳时，向前上方用力甩双臂（高过头顶）。
  - 双脚同时起跳并落地。
  - 双臂向下运动并落下。

技能发展

运动技能、运动设计、空间意识

器材

- 跳房子游戏垫
- 活动学习卡片（配有字母或图形）

活动

双脚同时从一块正方形向另一块正方形跳跃，每次跳跃都要做一个1/4旋转。落地时，说出所跳到的那块正方形上面的卡片显示的字母和图形。

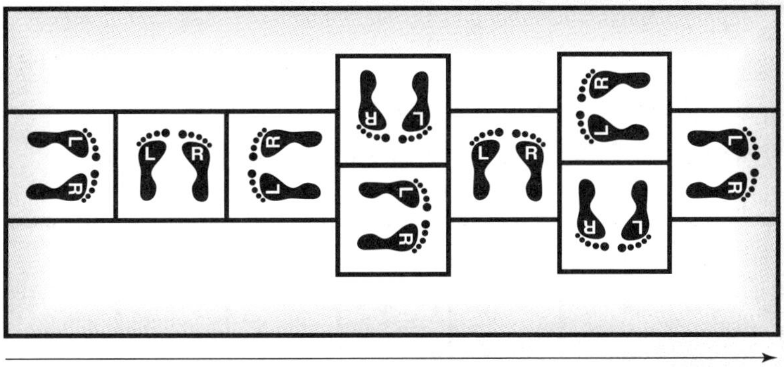

技能检查

- 学生可以试着做一个常用的跳房子游戏。保证他或她的双脚同时跳进正方形。
- 提醒学生放慢动作，重点是运用正确的立定跳远的姿势：
  - 起跳前弯曲双膝，双臂向身体后伸展。
  - 起跳时，向前上方用力甩双臂（高过头顶）。
  - 双脚同时起跳并落地。
  - 双臂向下运动并落下。
  - 保证学生每次跳跃都做一个1/4旋转。

左右对称活动

第4周
第3级

技能发展

偏重身体一侧、运动设计、整体运动协调

器材

- 地板垫
- 墙垫
- 活动学习卡片（配有字母和图形）

设置

如果有两套卡片，可以在邻近的正方形里使用相同的卡片。如果只有一套卡片，那就把不同卡片放在每块正方形里面。

活动

- 地板垫：双脚同时从一块正方形向另一块正方形里跳跃，每次双脚都落在相邻的正方形里。在每一对正方形里跳跃两次。当第 2 次跳进正方形里时，说出显示在正方形上面的卡片的字母和图形。

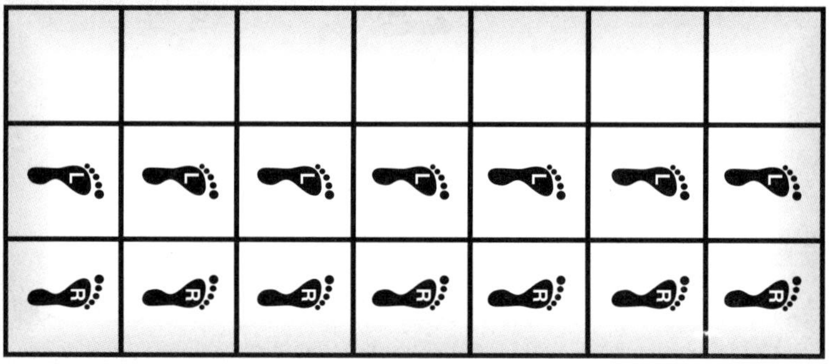

每块正方形里跳 2 次

- 墙垫：每次用双手击打一张卡片时，说出显示在卡片上的字母和图形。开始时，面对垫子站立，两脚趾呈对角指向垫子的右上角。跳起来，双手击打卡片的右角。接下来，两脚趾朝向垫子的中间，

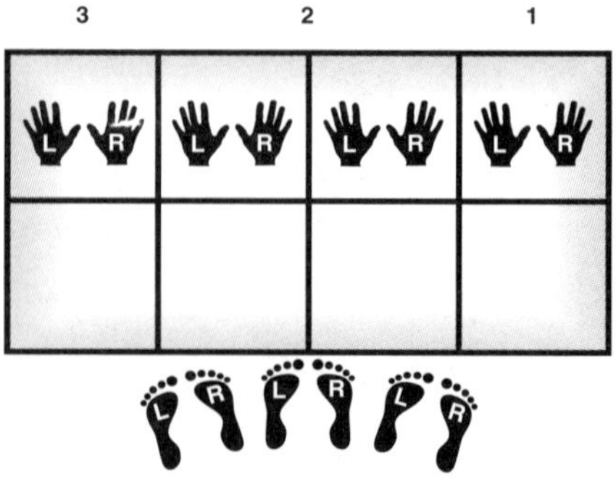

跳起来，用双手依次击打中间两张卡片的每一张。最后，两脚趾呈对角指向垫子的左上角，跳起来，用双手击打卡片。在卡片的末行重复这一形式。

技能检查

- 鼓励学生大声说出卡片上显示的内容。
- 注意脚的正确位置。
- 保证学生同时用双手击打正方形墙垫。
- 提醒学生重点是运用正确的立定跳远姿势：
  - 起跳前弯曲双膝，双臂向身体后伸展。
  - 起跳时，向前上方用力甩双臂（高过头顶）。
  - 双脚同时起跳并落地。
  - 双臂向下运动并落下。

左右对称活动

第4周
第4级

技能发展

方向性、运动设计、整体运动协调

器材

跳绳

活动

1. 把绳子放在地板上，然后，从绳子的一侧向另一侧跳跃（像个滑雪者）。每次跳跃之后，说出一个数字（跳起来成对地数数）。规定跳 10 次。每跳完一次休息一会儿，跳跃着数到 20。
2. 把绳子放在地板上，然后，从绳子的前面向后面跳跃（像钟一样）。每跳一次，说出一个数字（跳起来成对地数数）。跳跃着数到 20。规定跳 10 次，每跳一次休息一会儿。

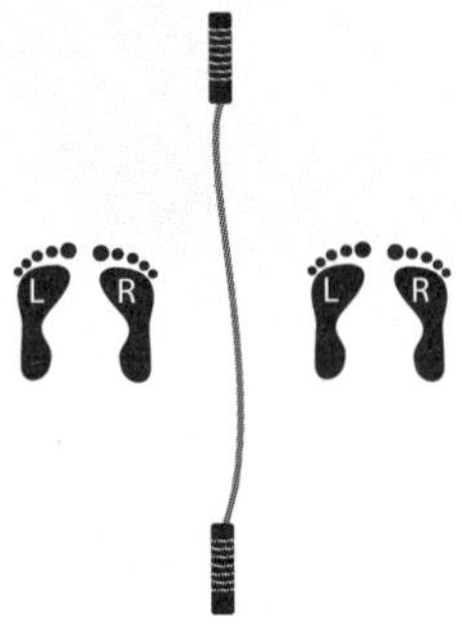

并排跳

从前向后跳

技能检查

- 确保学生把绳子放在地板上。
- 鼓励学生跳起来成对地数数。
- 保证学生运用正确的跳跃姿势：
  - 起跳前弯曲双膝，双臂向身体后伸展。
  - 起跳时，向前上方用力甩双臂（高过头顶）。
  - 双脚同时起跳并落地。
  - 双臂向下运动并落下。

技能发展

运动设计、整体运动协调

器材

- 阶梯垫
- 活动学习卡片（配有字母和图）

活动

从垫子上跳跃过去时，说出活动学习卡片上显示的内容。面向前方，从阶梯垫的起点开始，从一块正方形向另一块正方形跳跃，说出双脚落在每块正方形上的卡片的字母和图片。

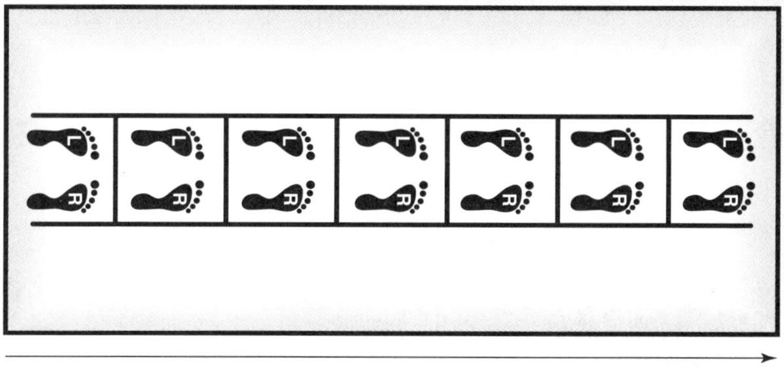

技能检查

- 鼓励学生大声说出卡片上显示的内容。
- 保证学生跳跃时尽可能双膝稍微弯曲。
- 强调正确的跳跃姿势：
  - 起跳前弯曲双膝，双臂向身体后伸展。
  - 起跳时，向前上方用力甩双臂（高过头顶）。
  - 双脚同时起跳并落地。
  - 双臂向下运动并落下。

左右对称活动

第4周
第6级

技能发展

运动设计、眼 - 手协调、眼 - 脚协调

器材

- 每个学生一块跺脚板
- 每个学生两个豆子袋

活动

1. 双脚踩在跺脚板上，把豆子袋弹向空中。同时拍打双膝，并用双手接住豆子袋。重复这个动作，直到尝试接住 5 次豆子袋为止。
2. 双脚踩在跺脚板上，把豆子袋弹向空中。同时击掌，并用双手接住豆子袋。重复这个动作，直到尝试着接住 5 次豆子袋为止。
3. 双脚踩在跺脚板上，把豆子袋弹向空中。重复这一动作，直到投掷 5 次袋子为止。

技能检查

- 保证学生使用双脚跺跺。
- 提醒学生放慢动作，重点是运用正确的鸟巢捕捉姿势（掌心朝上双手捕捉）。
  - 双手伸到身体前方，两肘弯曲做准备。
  - 当袋子快接近时，双手掌心朝上，伸到够得着袋子的地方。
  - 只用双手接袋子而不用胸部接触。
  - 在捕捉袋子时两眼要一直注视着袋子。

第 4 周
第 7 级

技能发展

平衡力

器材

平衡板

活动

1. 站在平衡板上，抬起双手扶住站在平衡板前面地板上的伙伴，以帮助保持平衡。试着保持站在平衡板的两端不摔下来。跳起来成对地数数到 20，然后与伙伴交换位置。
2. 试着站在平衡板上，并在没有伙伴的帮助下保持站在平衡板的两端，而不摔下来。跳起来成对地数数到 20。

技能检查

- 保证学生运用正确的静态平衡姿势：
  - 下颚应该与地面平行，双脚不要移动。
  - 双臂向外延伸协调平衡。
  - 应该最低限度地保持平衡姿势 5 秒钟。

左右对称活动

第4周
第8级

技能发展

运动技能、运动设计、空间意识

器材

5 根长软条

设置

把 5 根长软条摆成两两间隔 4 英尺（约 1.2 米）的一条直线。

活动

1. 双脚离地从长软条上跳过去，落下。每次跳跃时，要说出字母表开头的第一个字母。继续按照字母表的顺序，看看学生在 3 分钟内能把整个字母表说多少遍。
2. 双手放在臀部两侧慢慢地从长软条上跳跃过去，每次双脚落地时要说出一个字母。然后，双手放在臀部两侧，再快速地跳过长软条，每次落地时说出一个字母。
3. 跳得高一点儿，从长软条上跳过去，每次落地时说出字母表上的一个字母。然后，再跳得低一点儿越过长软条，每次落地时说出一个字母。

技能检查

- 提醒学生放慢动作，重点是运用正确的立定跳远姿势：
  - 起跳前弯曲双膝，双臂向身体后伸展。
  - 起跳时，向前上方用力甩双臂（高过头顶）。
  - 双脚同时起跳并落地。
  - 双臂向下运动并落下。

第5周
第1级

技能发展

运动技能、运动设计、空间意识

器材

- 6 只带有透明外套的锥筒
- 活动学习卡片（配有大写字母和图）

设置

把 6 只锥筒摆成一条间隔约 3 英尺（0.9 米）的直线。把匹配好的字母和图片交替地放在每只锥筒上面：字母 A、苹果图、字母 B、球图、字母 C、猫图。

活动

从一只锥筒向另一只锥筒做单侧跳跃。跳到每只锥筒时，触摸锥筒并说出显示在卡片上的颜色和字母或图形。

技能检查

- 保证学生是从一个锥筒跳到另一个锥筒的，而不是跑过去的。
- 提醒学生放慢动作，重点是运用正确的单侧跳跃姿势：
  - 保证双脚平行，两脚的趾尖指向前方。
  - 起跳时，向前上方用力甩双臂（高过头顶）。
  - 双脚同时起跳并落地。
  - 双臂向下运动并落下。

左右对称活动

第5周
第2级

技能发展

偏重身体一侧、运动技能、运动设计

器材

- 跳房子游戏垫
- 活动学习卡片（配有大写字母）

活动

双脚从一块正方形向另一块正方形跳跃。每次落地时，说出所跳进的那块正方形上面的卡片上显示的内容。每次跳跃之后，击掌 2 次。

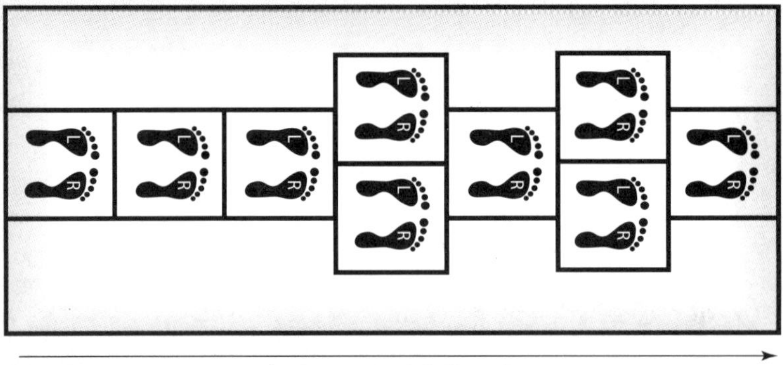

每次跳跃之后击掌 2 次

技能检查

- 学生可以尝试着做一个常用的跳房子游戏。保证他或她的双脚同时跳进每块正方形里。
- 提醒学生放慢动作，重点是运用正确的立定跳远姿势：
  - 起跳前弯曲双膝，双臂向身体后伸展。
  - 起跳时，向前上方用力甩双臂（高过头顶）。
  - 双脚同时起跳并落地。
  - 双臂向下运动并落下。

技能发展

偏重身体一侧、运动技能、运动设计

器材

- 地板垫
- 墙垫
- 活动学习卡片（配有大写字母）

设置

你如果有两套字母，那么就把相同的那套放在旁边的正方形里。如果没有，也可以用不同的字母来代替。

活动

- 地板垫：双脚同时向后跳跃，并一直跳到地板垫的终点。双脚落地时，每只脚应该并排落在自己的那块正方形里。每次落地时都要说出脚落在的每块正方形里的卡片上显示的大写字母。

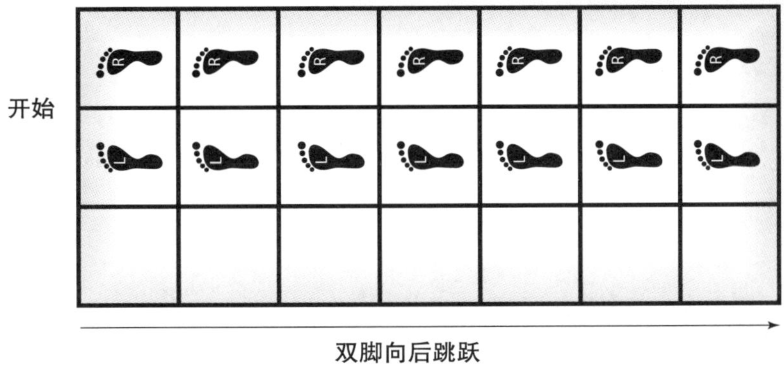

- 墙垫：从左上角的正方形垫子开始，以每只手朝里的方式让学生把双手放在垫子上，说出卡片上显示的内容。移到下一块正方形，双手向外翻转，说出卡片上显示的内容。当学生的双手在

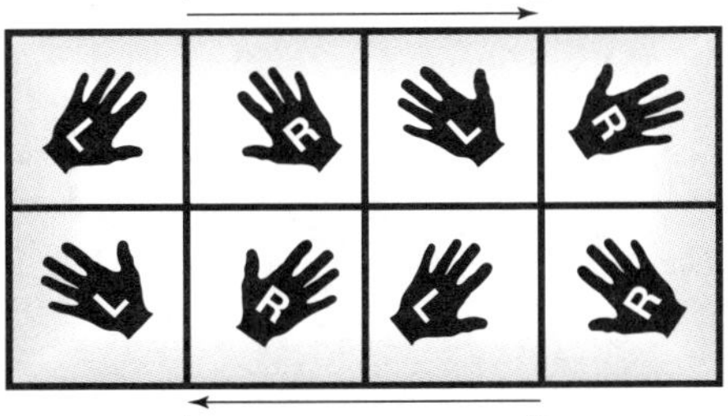

第5周
第3级

垫子上轮流交叉做内、外翻转时，说出当前卡片上显示的内容。当到达顶部那行的终点时，移动到底部，并按相反操作返回到垫子的左边。

技能检查

- 提醒学生重点是运用正确的立定跳远姿势：
  - 起跳前弯曲双膝，双臂向身体后伸展。
  - 起跳时，向前上方用力甩双臂（高过头顶）。
  - 双脚同时起跳并落地。
  - 双臂向下运动，并落下。

第5周
第4级

技能发展

偏重身体一侧、运动技能、运动设计

器材

- 跳跃、单脚跳和跳跃垫
- 活动学习卡片（配有大写字母）

活动

以指向垫子终点的方向开始（定位在低位数上）。双脚从垫子的第一段上跳跃过去，并说出显示在这段卡片上的数字。向右运动到下一段（旁边高位数字的卡片），并跳跃这一段，同时说出显示在卡片上的数字。以这种方式跳跃垫子的其余部分，直到达到垫子的终点为止。不需要跳跃过垫子上的每段距离。只要求学生跳跃过他感到最舒服的最长的距离。

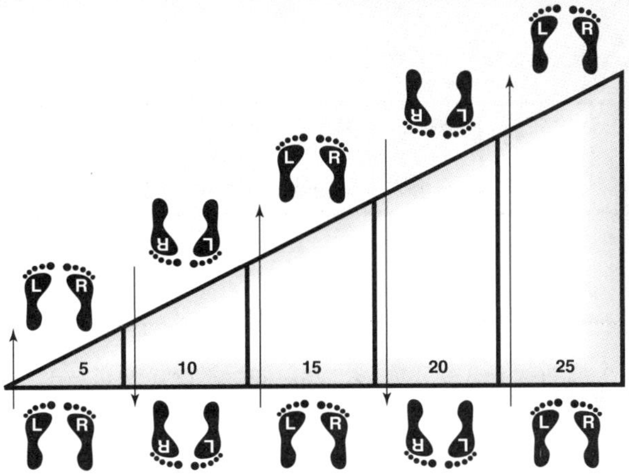

技能检查

- 鼓励学生大声说出他/她跳跃的数字。
- 提醒学生放慢动作，重点是运用正确的立定跳远的姿势：
  - 起跳前弯曲双膝，双臂向身体后伸展。
  - 起跳时，向前上方用力甩双臂（高过头顶）。
  - 双脚同时起跳并落地。
  - 双臂向下运动并落下。

左右对称活动

第5周
第5级

技能发展

运动设计、整体运动协调、运动技能

器材

- 阶梯垫
- 活动学习卡片（配有大写字母）

活动

双脚同时从1块正方形跳到另一块正方形上。按照下面的方式：向前跳跃3块正方形，然后向后跳跃1块正方形。重复这个过程，直到到达梯子的终点为止。每次双脚落地时，说出所落在的那块正方形上面的卡片上显示的大写字母。

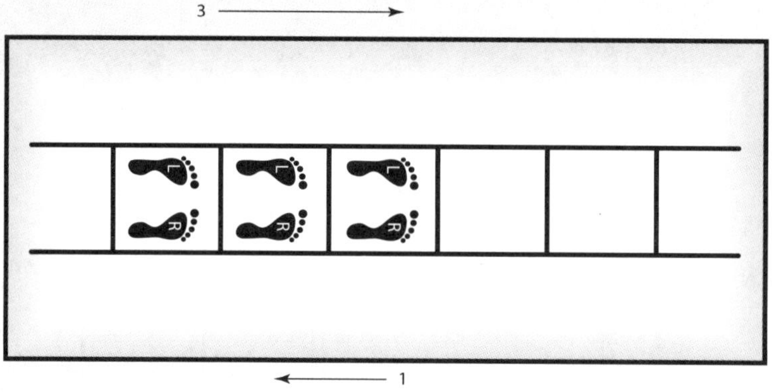

向前跳跃3块正方形，然后向后跳跃1块正方形

技能检查

- 保证学生向前跳跃3块正方形，向后跳跃1块正方形。
- 鼓励学生大声说出显示在卡片上的内容。
- 提醒学生放慢动作，重点是运用正确的立定跳远姿势：
  - 起跳前弯曲双膝，双臂向身体后伸展。
  - 起跳时，向前上方用力甩双臂（高过头顶）。
  - 双脚同时起跳并落地。
  - 双臂向下运动并落下。

技能发展

运动设计、整体运动协调、运动技能

器材

10个聚酯纤维圆点

设置

将圆点分散摆放在地板上，两两间隔大约12英寸（30厘米），如图显示。

活动

1. 做蛙跳从一个圆点跳跃到另一个圆点。每次跳跃之后，按照字母表的顺序从字母A开始说一个字母，直到跳完所有圆点。假如到达了终点，就再从头开始。
2. 沿着圆点的一侧跳跃，每跳跃一次后，按照字母表的顺序从A开始说出字母。如果达到了终点，就再从头开始。

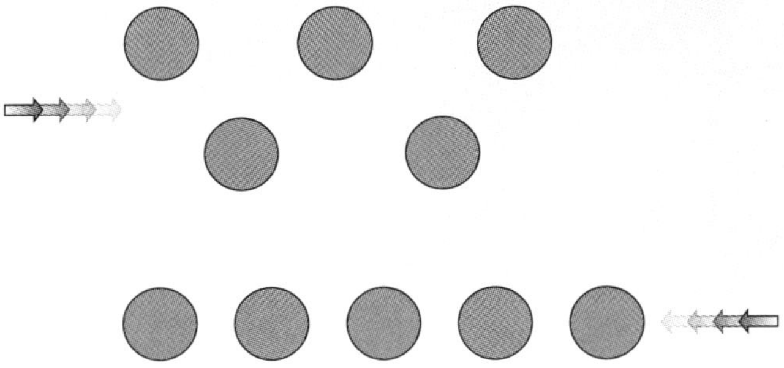

技能检查

- 沿一侧跳跃时，要保证学生双脚向前跳跃。
- 提醒学生放慢动作，重点是运用正确的蛙跳姿势：
  - 以蹲伏的姿势开始。
  - 把双手放在两腿之间的地板上。
  - 把双手移动到身体前方不远的地板位置上。
  - 保持双脚和双手同在地板上，然后跳起，让双脚落在双手附近的位置上。

左右对称活动

第5周
第7级

技能发展

眼 - 手协调、跟踪技能

器材

- 每个学生一个直径 8.5 英寸（约 21.5 厘米）的运动球
- 地板胶带

设置

用地板胶带划出一条与墙面距离 6 英尺（约 1.8 米）且平行的直线。

活动

1. 面对墙坐着，并用双手把球滚向墙。每次滚动球后，说出字母。尽量在规定的时间内多滚动球。
2. 站在线上，并双手把球投向对面的墙上，每次球打到墙上后让球弹回来，并用双手接住球。每次球弹回来时说出一个字母。
3. 把球投向墙，并试图在球没弹回来时抓住它。每次投球后，继续按照字母表的顺序说出一个字母。

技能检查

保证学生用双手完成每次动作。

第5周
第8级

技能发展

运动技能、运动设计、空间意识

器材

地板胶带

设置

用胶带标记4条线，大约3英尺（0.9米）长，并以3英尺的间隔把4条线放在地板上的每个点上。

活动

1. 双脚跳过地板线。
2. 两手放在臀部两侧，缓慢跳跃过直线5次，然后，快速跳跃过直线5次。
3. 从直线上高高地跳过去，然后转过来，再从直线上高高地跳过去。重复上述动作，这次跳得低一点。
4. 重复1、2、3步骤，跳跃时背诵字母表。每跳跃一次后说出一个字母。

技能检查

- 提醒学生放慢动作，重点是正确的立定跳远姿势：
  - 起跳前弯曲双膝，双臂向身体后伸展。
  - 起跳时，向前上方用力甩双臂（高过头顶）。
  - 双脚同时起跳并落地。
  - 双臂向下运动并落下。

左右对称活动

第6周
第1级

技能发展

运动技能、运动设计、空间意识

器材

- 6只带有透明外套的锥筒
- 活动学习卡片（配有图形和大写字母）

设置

把6只锥筒摆成间隔4英尺（1.2米）的一条直线。把配好的字母和图片交替放在每只锥筒上：字母A、苹果图、字母B、球图、字母C、猫图。

活动

做蛙跳，从一只锥筒向另一只锥筒跳跃。触摸锥筒并说出显示在锥筒上的卡片上的字母或图形。

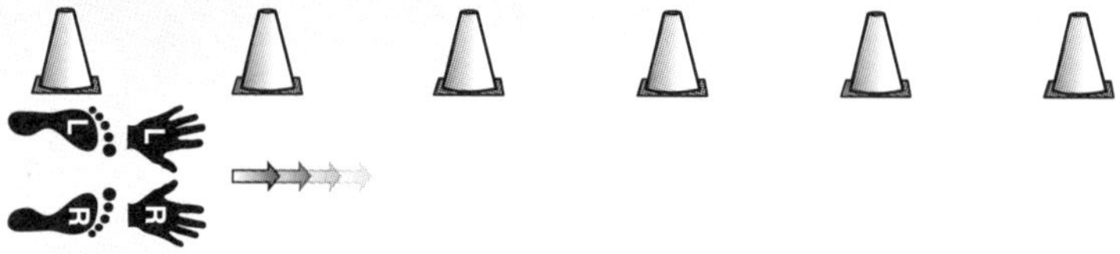

技能检查

- 保证学生是从一个锥筒跳向另一个锥筒的，而不是跑过去的。
- 提醒学生放慢动作，重点是运用正确的蛙跳姿势：
  - 以蹲伏的姿势开始。
  - 把双手放在两腿之间的地板上。
  - 把双手移动到身体前方不远的地板位置上。
  - 保持双脚和双手同在地板上跳起，并让双脚落在双手附近的位置上。

第6周
第2级

技能发展

偏重身体一侧、运动技能、运动设计

器材

- 跳房子游戏垫
- 活动学习卡片（配有图形和大写字母）

活动

双脚从一块正方形向另一块正方形跳跃。双脚落地时，说出所跳入的那块正方形上的卡片上显示的字母和图形。（这个活动除了使用不同的活动学习卡片之外，其他的与第 1 周第 2 级的活动一样。）

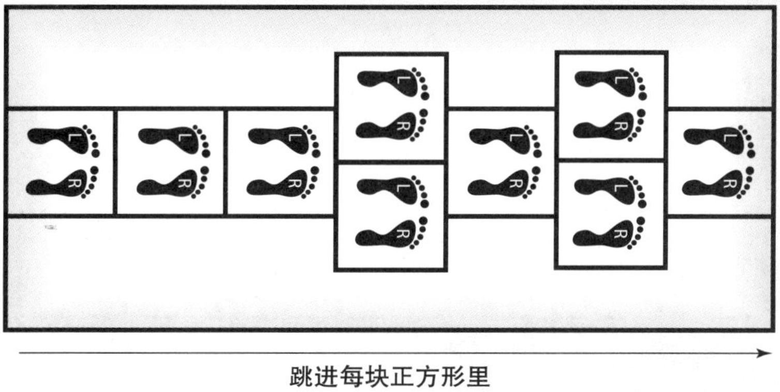

技能检查

- 学生可以尝试着做一个常用的跳房子游戏。保证他或她的双脚同时跳进每一个正方形里。
- 提醒学生放慢动作，重点是运用正确的立定跳远的姿势：
  - 起跳前弯曲双膝，双臂向身体后伸展。
  - 起跳时，向前上方用力甩双臂（高过头顶）。
  - 双脚同时起跳并落地。
  - 双臂向下运动并落下。

左右对称活动

第6周
第3级

技能发展

偏重身体一侧、运动设计、整体运动协调

器材

- 地板垫
- 墙垫
- 活动学习卡片（配有图形和大写字母）
- 直径 6~8 英寸（15~20 厘米）的泡沫塑料球
- 胶粘吊钩

设置

用胶粘吊钩挂墙垫

活动

- 地板垫：双脚同时跳起，并落在每块正方形顶部的直线上。每次落地时，说出显示在相应卡片上的字母和图片。

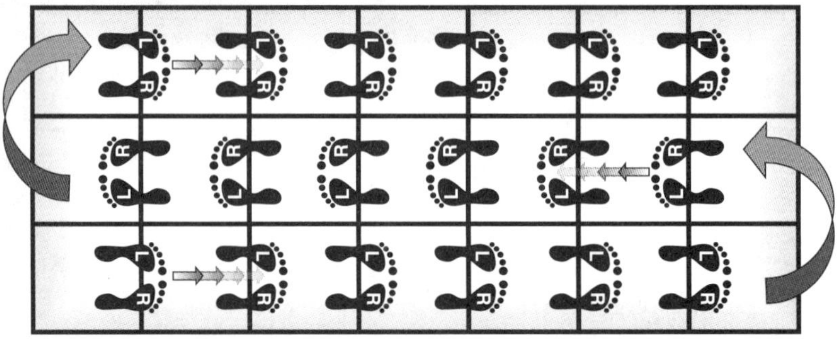

- 墙垫：把球举起来放到头后面（好像准备投掷足球），然后，用球触碰垫子上的每个大写字母 2 次。每次用球触碰大写字母时，说出字母和它的颜色。

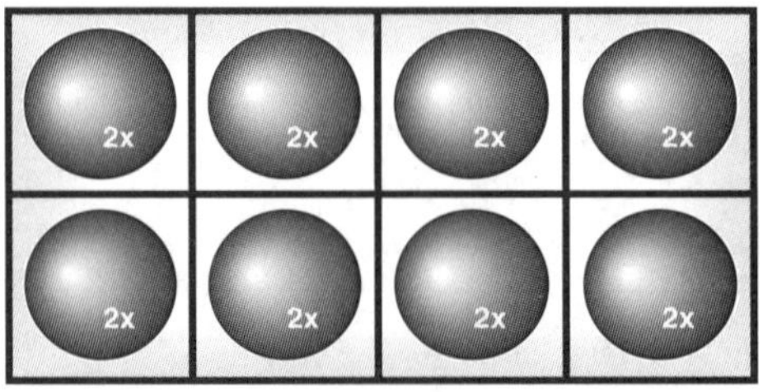

技能检查

- 提醒学生放慢动作，重点是运用正确的立定跳远姿势：
  - 起跳前弯曲双膝，双臂向身体后伸展。
  - 起跳时，向前上方用力甩双臂（高过头顶）。
  - 双脚同时起跳并落地。
  - 双臂向下运动并落下。

左右对称活动

第6周
第4级

技能发展

偏重身体一侧、眼 - 手协调、动态平衡

器材

- 地板平衡木——最好大约 6 英尺长（1.8 米），离地面不超过 6 英寸（15 厘米）
- 在地板平衡木中间的两侧放两只呼啦圈
- 两个豆子袋
- 活动学习卡片（配有大小写字母）

设置

如图所示，在地板平衡木的两侧各放一只呼啦圈。把活动学习卡片放在呼啦圈里；每张卡片上显示当天的字母（平衡木的右侧是大写字母，左侧是小写字母）。卡片上的字母应该按照字母表的顺序每日更换。

活动

学生每只手里举着一个豆子袋在平衡木上向前走。当走到每对呼啦圈的旁边时，同时把两只手里的豆子袋丢在每只呼啦圈里（平衡木的两侧）。当把袋子丢在呼啦圈里时，说出每只呼啦圈里的卡片上显示的字母。

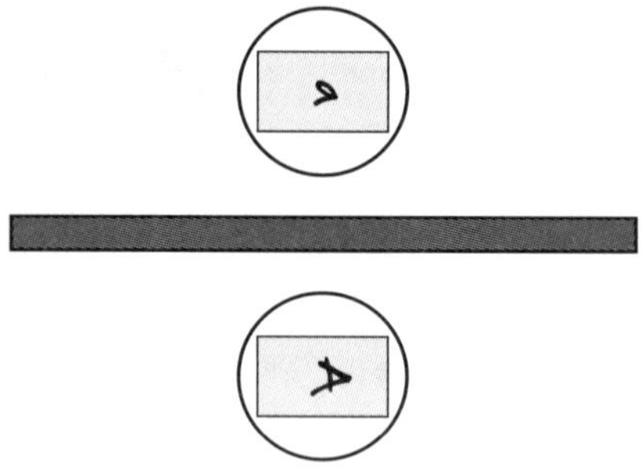

技能检查

- 保证学生在运动时使用动态平衡来保持平衡。由于要求举着袋子走，他或她需要帮助。
- 学生应该在不摔倒或依靠物体（如椅子或墙）的情况下顺利地完成任务。

第6周
第4级

- 强调正确的行走姿势：
  - 保持身体垂直站好。
  - 应该能从耳朵到肩膀划一条直线。
  - 使髋关节、膝盖和踝关节成一行。
  - 头抬起，往前看，下颚应该与地面保持平行。
  - 两肩放松，手臂弯曲。
  - 摆动双臂，与双脚运动方向相反的。
  - 从头走到尾。

第6周
第5级

技能发展

身体意识、运动设计、整体运动协调

器材

- 阶梯垫
- 3个聚乙烯圆点
- 活动学习卡片（配有图形和大写字母）

设置

每隔一块正方形阶梯垫放一个聚乙烯圆点，并在其他的正方形里放一张活动学习卡片。

活动

从一块没有圆点的正方形跳跃到另一块没有圆点的正方形里。双脚落地时说出每块正方形上面的卡片上显示的内容。

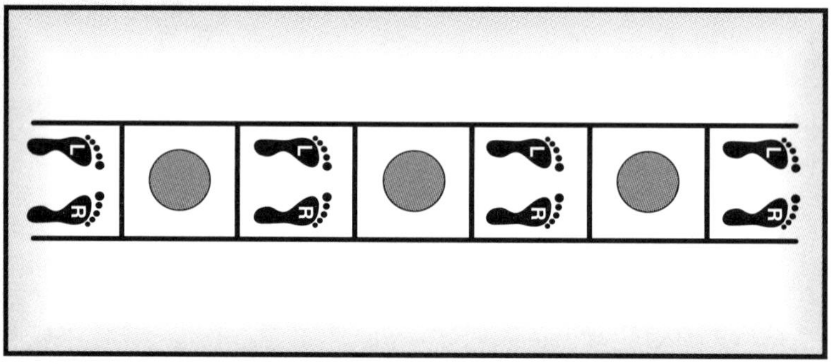

技能检查

- 提醒学生放慢动作，重点使用正确的立定跳远姿势：
  - 起跳前弯曲双膝，双臂向身体后伸展。
  - 起跳时，向前上方用力甩双臂（高过头顶）。
  - 双脚同时起跳并落地。
  - 双臂向下运动并落下。

技能发展

眼 - 手协调、平衡力

器材

- 每个学生一个踩脚板
- 每个学生一个豆子袋

活动

1. 双脚慢慢地跳在踩脚板上，把豆子袋弹向空中。两手做成杯子的形状接住豆子袋，同时说出一个字母。每次努力接住袋子时，按照字母表的顺序说出一个新的字母。重复这个动作，直到尝试接住 5 次豆子袋为止。
2. 双脚使劲地跳到踩脚板上，每次踩踏都把豆子袋往空中弹得更高点儿。两手做成杯状接住豆子袋，同时说出一个字母。每次努力接住袋子时，按照字母表的顺序说出一个新的字母。重复这个动作，直到尝试接住 5 次豆子袋为止。
3. 重复这两个活动，直至到了该轮换等级的时间为止。

技能检查

- 保证学生使用双脚踩踏。
- 提醒学生放慢动作，重点是运用正确的鸟巢捕捉姿势（掌心朝上双手捕捉）。
  - 双手伸到身体前方，两肘弯曲做准备。
  - 当袋子快接近时，双手掌心朝上，伸到够得着袋子的地方。
  - 只用双手接袋子而不用胸部接触。
  - 在捕捉袋子时两眼要一直注视着袋子。

左右对称活动

第6周
第7级

技能发展

眼 - 手协调、空间意识、协调性

器材

- 每个学生两只锥筒
- 每只锥筒上一个套子
- 活动学习卡片（配有图和大写字母）
- 地板胶带
- 直径 8.5 英寸（22 厘米）的运动球

设置

把两只锥筒彼此间隔 3 英尺（0.9 米），同时离墙 1 英尺（0.3 米）摆放。用地板胶划一条线，距离锥筒 10 英尺（3 米）。每个学生都有自己的一套锥筒，这样，4 组就可以同时参与活动了。

活动

1. 站在线上，面向锥筒和墙。说出显示在每只锥筒套上的卡片的大写字母和图形。把球放在两腿之间的地板上，并在锥筒之间和向着墙的方向滚动球（两手一起）。球从墙上弹回之后重新把球捡回。重复这一动作，直到滚球 5 次为止。
2. 脸不面对着锥筒或墙，说出活动卡片上显示的内容。把球放在两腿之间向后滚动，保证它能在锥筒之间运行。球从墙上弹回之后重新把球捡回。

技能检查

保证学生用双手完成每次活动。

第 6 周
第 8 级

技能发展

方向性、运动技能

器材

- 跳箱——一个宽 18 英寸（约 45 厘米）、高 12 英寸（约 30 厘米）专为学生设计用来踩踏和跳跃的坚固平台
- 地板胶带
- 3 只锥筒
- 斜坡垫
- 活动学习卡片（配有图和大写字母）

设置

如表所示，用胶条在跳箱附近的地板上画 3 条直线：第 1 条线离跳箱 1 英尺（约 30 厘米），第 2 条线距离第 1 条线 1 英尺，第 3 条线离第 2 条线 1 英尺。除了每条线之外，还要在每条线的旁边放一只带有活动学习卡片的锥筒。

活动

如果没有斜坡垫，也可以进行这个活动。可使用垫子，让学生从垫子上爬到跳箱上。

1. 到达跳箱上之后，双膝弯曲，双臂向身后伸展作出适当的跳跃姿势。
2. 跳到第 1 条直线上（最近的），并说出这条线旁边的锥筒上的卡片显示的内容。
3. 从第 1 条直线跳到第 2 条直线上，并说出显示在锥筒卡片上的内容。
4. 从第 2 条直线跳到第 3 条直线上，并说出显示在锥筒卡片上的内容。

第6周
第8级

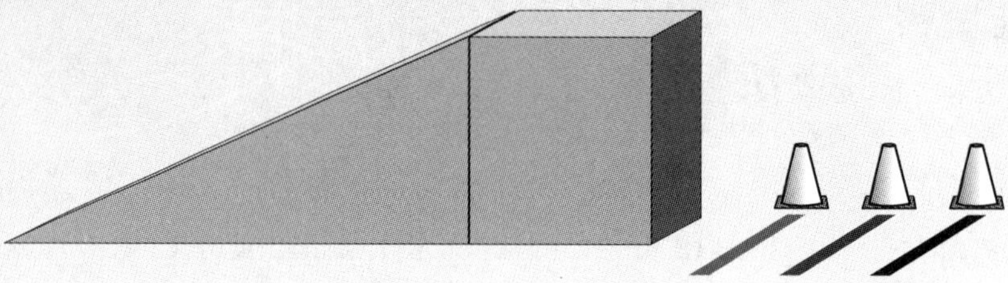

技能检查

- 提醒学生放慢动作，重点是运用正确的立定跳远姿势：
  - 起跳前弯曲双膝，双臂向身体后伸展。
  - 起跳时，向前上方用力甩双臂（高过头顶）。
  - 双脚同时起跳并落地。
  - 双臂向下运动并落下。

第 7 周
第 1 级

技能发展

运动技能、运动设计、空间意识

器材

- 6 只带有透明外套的锥筒
- 活动学习卡片（配有图和大写字母）

设置

把 6 只锥筒间隔 3 英尺（0.9 米）摆成一条直线。把配好的字母和图片卡交替放在每只锥筒上：字母 A、苹果图、字母 B、球图、字母 C、猫图。

活动

向后从一只锥筒向另一只锥筒跳跃。跳到每只锥筒时，触摸锥筒，并说出显示在其卡片上的字母和图形。

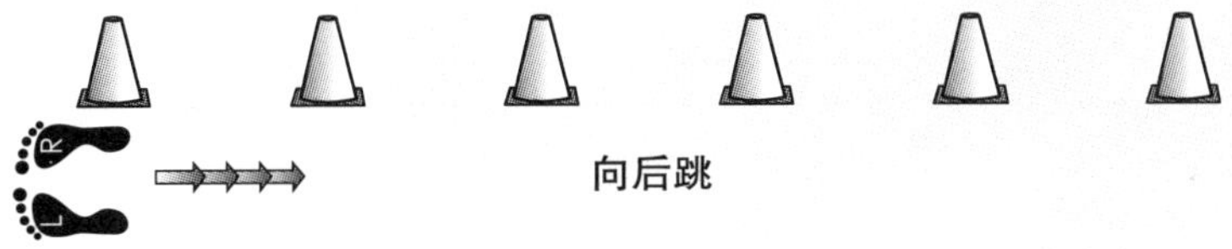

技能检查

- 保证学生是从一个锥筒跳向另一个锥筒的，而不是跑过去的。
- 提醒学生注意观看他们往后跳时的位置。
- 提醒学生放慢动作，重点是运用正确的立定跳远姿势：
  - 起跳前弯曲双膝，双臂向身体后伸展。
  - 起跳时，向前上方用力甩双臂（高过头顶）。
  - 双脚同时起跳并落地。
  - 双臂向下运动并落下。

左右对称活动

第7周
第2级

技能发展

偏重身体一侧、运动技能、运动设计

器材

- 跳房子游戏垫
- 活动学习卡片（配有大写字母和拼字）

活动

双手紧跟着双脚向前运动做小兔跳跃动作跳到一块正方形里，说出每块正方形上面的卡片上的字母和字。

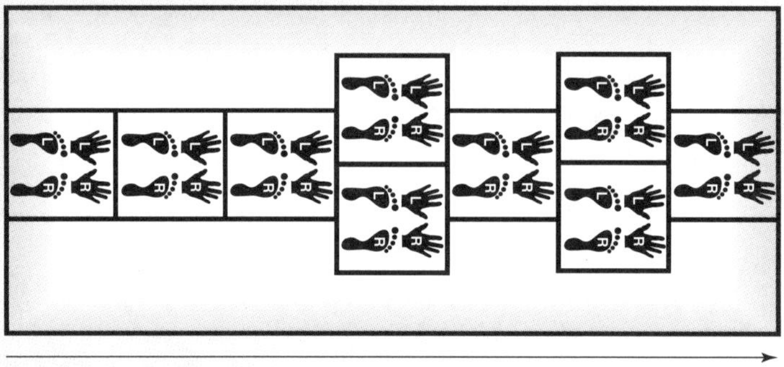

技能检查

- 保证学生运用正确的小兔跳跃姿势：
  - 做出一种蹲伏状态，双手和双脚并排放置。
  - 双手同时向前运动。
  - 双脚同时向前跳跃。
  - 保持平衡，并连续做多个小兔跳跃动作。

左右对称活动

第 7 周
第 3 级

技能发展

偏重身体一侧、运动设计、整体运动协调

器材

- 地板垫
- 墙垫
- 活动学习卡片（配有小写字母和拼字）
- 胶粘吊钩

设置

用胶粘挂钩挂墙垫

活动

- 地板垫：面向前方，以双脚站在中间那行的第 1 块正方形里开始。向前跳到下一块正方形里，落地之前，在空中做 1/4 旋转。落地时，说出所跳到的那块正方形里卡片上显示的内容。以这种方式继续跳跃其他的正方形。

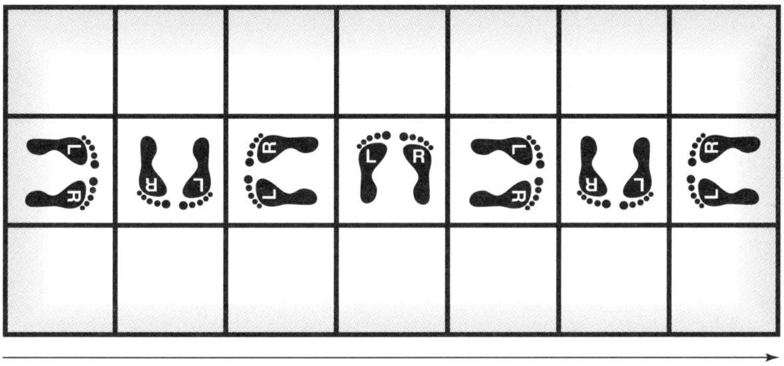

- 墙垫：双手握拳，并同时使用拳击动作触摸墙垫。当触摸卡片时，说出每张卡片上显示的内容。

左右对称活动

第7周
第3级

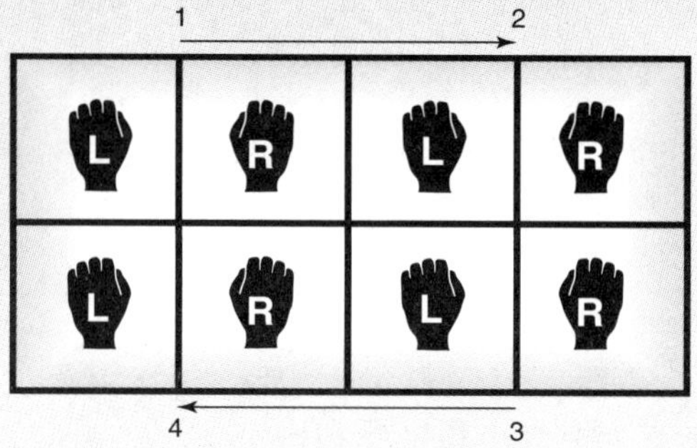

技能检查

- 鼓励学生大声说出卡片上显示的内容。
- 保证学生双手同时触摸墙垫。

第7周
第4级

技能发展

偏重身体一侧、运动技能、运动设计

器材

5只呼啦圈

设置

把5只呼啦圈间隔6英寸（15厘米）摆成一条直线。

活动

1. 向前从一只呼啦圈向另一只呼啦圈跳跃，每跳跃一次后，按照字母表的顺序说出一个字母。
2. 向后从一只呼啦圈向另一只呼啦圈跳跃，每跳跃一次后，按照字母表的顺序说出一个字母。

技能检查

- 提醒学生放慢动作，重点是运用正确的立定跳远姿势：
  - 起跳前弯曲双膝，双臂向身体后伸展。
  - 起跳时，使劲向前上方甩双臂（高过头顶）。
  - 双脚同时起跳并落地。
  - 双臂向下运动并落下。

左右对称活动

第7周
第5级

技能发展

身体意识、运动设计、整体运动协调

器材

- 阶梯垫
- 活动学习卡片（配有小写字母和拼字）

活动

沿着梯子的一边从一块正方形向另一块正方形做单侧跳跃，同时说出卡片上显示的内容。当双脚落地时，说出所跳在的那块正方形里的卡片上显示的内容。

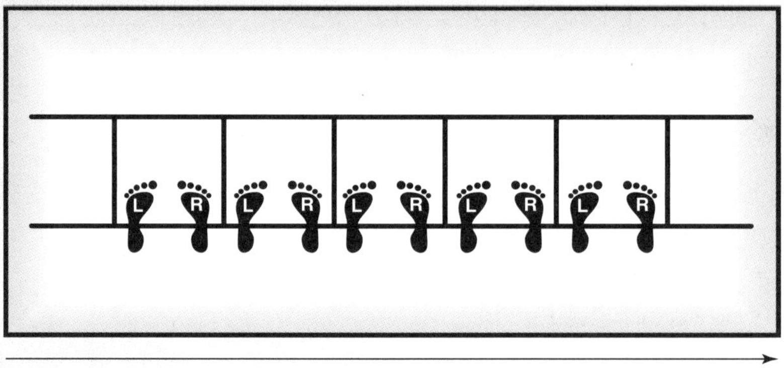

技能检查

- 学生可以尝试每次用一只脚运动。鼓励他们在一侧跳跃，而不是步行。
- 鼓励学生放慢动作，并说出卡片上显示的内容。
- 保证学生运用正确的单侧跳跃姿势：
  - 保证双脚平行，每只脚的脚趾朝前。
  - 跳跃时，使劲向前上方甩双臂（高过头顶）。
  - 双脚同时起跳并落地。
  - 双臂向下运动并落下。

第7周
第6级

技能发展

偏重身体一侧、动态平衡

器材

- 地板平衡木——最好约6英尺（1.8米）长，离地板不超过6英寸（15厘米）
- 一条大约3尺（1米）长的软条

活动

1. 双手掌心朝上把一根软条举到胸部，在平衡木上向前行走。
2. 双手把长软条举过头顶，在平衡木上向前行走。

技能检查

- 保证学生运用动态平衡来保持运动中的平衡。因为要求举着软条，所以他们可能需要一些帮助。
- 保证学生运用正确的行走姿势：
  - 保持身体垂直站好。
  - 应该能从耳朵到肩膀划一条直线。
  - 使髋关节、膝盖和踝关节成一行。
  - 头抬起，往前看，下颚应该与地面保持平行。
  - 两肩放松，手臂弯曲。
  - 从头走到尾。
- 学生应该在不掉下来或依靠某个物体（如椅子、墙）的情况下顺利地完成任务。
- 如果学生在平衡木上行走有困难，那就让他们在地板上的一条直线上行走。

左右对称活动

第 7 周
第 7 级

技能发展

眼 - 手协调、空间意识、协调性

器材

- 4 只锥筒
- 活动学习卡片（配有小写字母和拼字）
- 地板带
- 直径 8.5 英寸（约 22 厘米）运动球

设置

用地板胶带标记一条距离每只锥筒 6 英尺（2 米）的直线。

活动

1. 站立，把球放在两脚之间的地板上，并用两手在锥筒之间滚动球。说出锥筒上面的字母。重新把球捡回来，重复这一动作，直到滚球 5 次为止。
2. 转身，脸不对着锥筒。把两脚之间的球向后滚向锥筒。说出锥筒上的字母。重新捡回球，并重复这一动作，直到滚球 5 次为止。

技能检查

保证学生用双手完成每个活动。

第7周
第8级

技能发展

方向性、运动技能

器材

- 跳箱
- 斜坡垫
- 呼啦圈

活动

假如没有斜坡垫，也可以完成活动。可只用垫子，学生在垫子上向上爬到跳箱上。

1. 到达跳箱上，并摆出正确的跳跃姿势，双膝弯曲，双臂往身后伸展。在空中向右做 1/4 转身后，跳进呼啦圈里。
2. 到达跳箱上，并摆出正确的跳跃姿势，双膝弯曲，双臂往身后伸展。在空中向左做 1/4 转身后，跳进呼啦圈里。
3. 到达跳箱，并摆出正确的跳跃姿势，双膝弯曲，双臂往身后伸展。在空中向任意一个方向做 1/2 转身（这样面对着跳箱落地），跳进呼啦圈里。

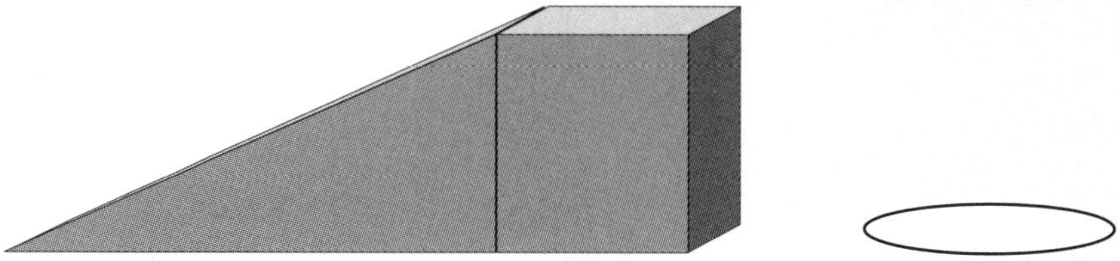

技能检查

- 保证学生双脚落地，双臂用力向下落下。
- 提醒学生放慢动作，重点是运用正确的立定跳远姿势：
  - 起跳前弯曲双膝，双臂向身体后伸展。
  - 起跳时，使劲向前上方甩双臂（高过头顶）。
  - 双脚同时起跳并落地。
  - 双臂向下运动并落下。

左右对称活动

第 8 周
第 1 级

技能发展

运动技能、运动设计、空间意识

器材

- 6 只带有透明外套的锥筒
- 活动学习卡片（配有拼字和图形）

设置

把 6 只锥筒间隔 4 英尺（1.2 米）摆成一条直线。把匹配好的字母和图形卡片交替放在每只锥筒上：字母 A、苹果图、字母 B、球图、字母 C、猫图。

活动

从一只锥筒向另一只锥筒做小兔跳跃。每跳到一只锥筒时，触摸锥筒并说出锥筒上的字母或图形。

技能检查

- 保证学生是从一只锥筒跳到另一只锥筒，而不是跑过去的。
- 保证学生运用正确的小兔跳跃姿势：
  - 做出一种蹲伏状态，双手和双脚并排放置。
  - 双手同时向前运动。
  - 双脚同时向前跳跃。
  - 保持平衡并连续做多个小兔跳跃动作。
  - 想想："先出手——脚跟上"。

技能发展

偏重身体一侧、运动技能、运动设计

器材

- 跳房子游戏垫
- 每个学生一只豆子袋
- 活动学习卡片（配有大写字母和拼字）

活动

在每块正方形里跳跃2次。落地时，说出所跳入的那块正方形里的卡片上显示的内容。然后，投掷并接住豆子袋2次。

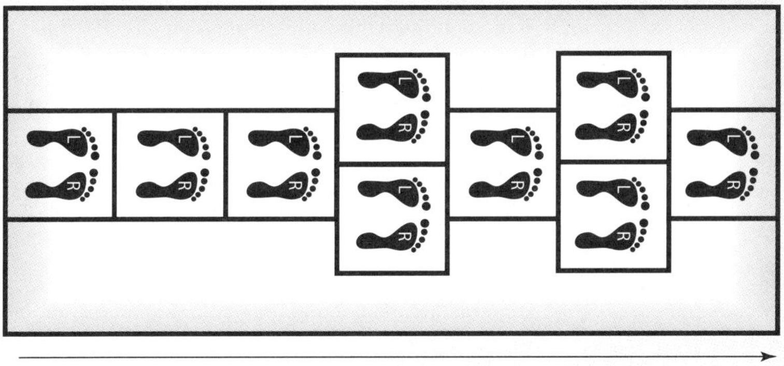

每块正方形里跳2次，投掷并接住豆子袋2次

技能检查

- 学生可以尝试做一个常用的跳房子游戏。保证他们的双脚同时跳进每块正方形里。
- 提醒学生重点是运用正确的立定跳远姿势：
  - 起跳前弯曲双膝，双臂向身体后伸展。
  - 起跳时，使劲向前上方甩双臂（高过头顶）。
  - 双脚同时起跳并落地。
  - 双臂向下运动并落下。
- 提醒学生重点是运用正确的鸟巢捕捉姿势（掌心朝上双手捕捉）：
  - 双手伸到身体前方，两肘弯曲做准备。

第8周
第2级

  - 当袋子快接近时，双手掌心朝上，伸到够得着袋子的地方。
  - 只用双手接袋子而不能依靠胸部。
  - 在捕捉袋子时两眼要一直注视着袋子。
- 保证学生运用正确的投掷姿势：
  - 投掷高度要一样。
  - 用左右手轮流投掷。
  - 使眼睛集中在投掷的最高点。
  - 让自己的肘臂贴近自己的身体。
  - 站直身体不要倾斜。

左右对称活动

第8周
第3级

技能发展

偏重身体一侧、运动设计、整体运动协调

器材

- 地板垫
- 墙垫
- 活动学习卡片（配有大写字母和拼字）
- 胶粘挂钩

设置

用胶粘挂钩挂墙垫

活动

- 地板垫：双脚站在中间一行的第一块正方形里，面向前开始。向前跳到下一块正方形里，落地前在空中做 1/2 转身。落地时，说出所跳到的那块正方形里的卡片上显示的字母和拼字。以这种方式继续跳完其他的正方形。

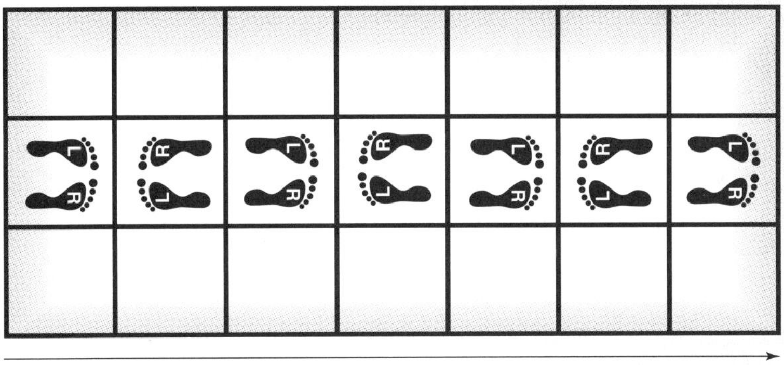

- 墙垫：伸出左右手的示指，触摸垫子上方左边的正方形。说出显示在相应卡片上的字母和拼字。从左向右移动，继续完成最上面一行的垫子，然后，从右向左移

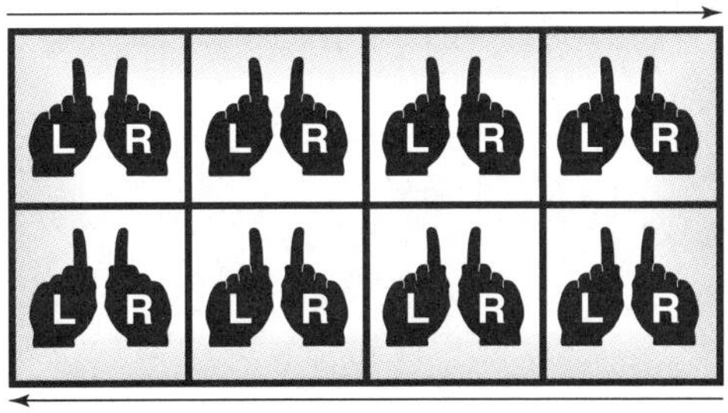

第8周
第3级

动完成下面一行的垫子。

技能检查

- 鼓励学生大声说出显示在卡片上的内容。
- 保证学生同时用双手触摸墙垫。
- 提醒学生放慢动作，重点是运动正确的立定跳远姿势：
  - 起跳前弯曲双膝，双臂向身体后伸展。
  - 起跳时，使劲向前上方甩双臂（高过头顶）。
  - 双脚同时起跳并落地。
  - 双臂向下运动并落下。

技能发展

偏重身体一侧、运动技能、运动设计

器材

- 呼啦圈
- 地板图案卡片（可在网络上获得）

设置

选择一张地板图案卡片，并按照卡片上的显示把呼啦圈摆放好。

活动

1. 双脚从一个呼啦圈向下一个呼啦圈跳跃。
2. 只要时间允许，可以用不同的卡片重复这个活动。

技能检查

- 保证学生能准确地再现图案。
- 提醒学生放慢动作，重点是运用正确的立定跳远姿势：
  - 起跳前弯曲双膝，双臂向身体后伸展。
  - 起跳时，使劲向前上方甩双臂（高过头顶）。
  - 双脚同时起跳并落地。
  - 双臂向下运动并落下。

左右对称活动

第 8 周
第 5 级

技能发展

身体意识、运动设计、整体运动协调

器材

- 阶梯垫
- 活动学习卡片（配有大写字母和拼字）

活动

双脚在一侧跳跃，在空中向右做 1/4 转身。然后，双脚在一侧跳跃，在空中向左做 1/4 转身，返回原状。继续以这种方式跳跃到最后一个垫子。

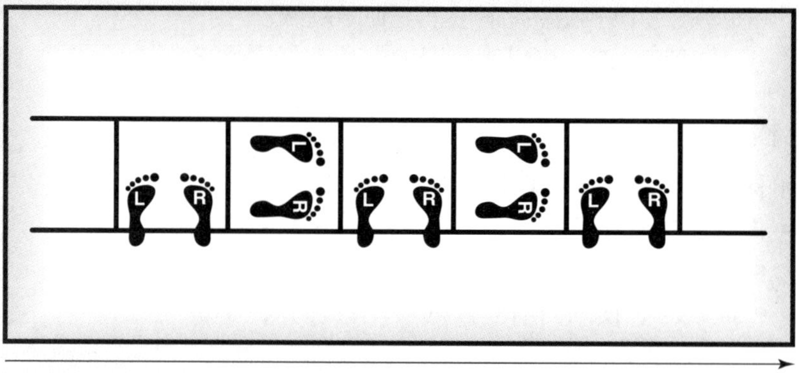

技能检查

- 提醒学生放慢动作，重点是运用正确的立定跳远姿势：
  - 起跳前弯曲双膝，双臂向身体后伸展。
  - 起跳时，向前上方用力甩双臂（高过头顶）。
  - 双脚同时起跳并落地。
  - 双臂向下运动并落下。

第8周
第6级

技能发展

空间意识、方向性、臂力、腿力

器材

- 每个学生一块踏板车踏板
- 5 只带有透明外套的锥筒
- 活动学习卡片（配有大写字母和拼字）

设置

把 5 只锥筒间隔 3 英尺（约 0.9 米）摆成一条直线。

活动

1. 腹部贴在踏板车踏板上，然后用双手推动踏板车依次在锥筒之间向前迂回行进。每经过一只锥筒，要说出这只锥筒卡片上显示的内容。
2. 坐在踏板车踏板上，然后用双脚推动踏板车依次在锥筒之间向后迂回行进。每经过一只锥筒时，要说出这只锥筒卡片上显示的内容。

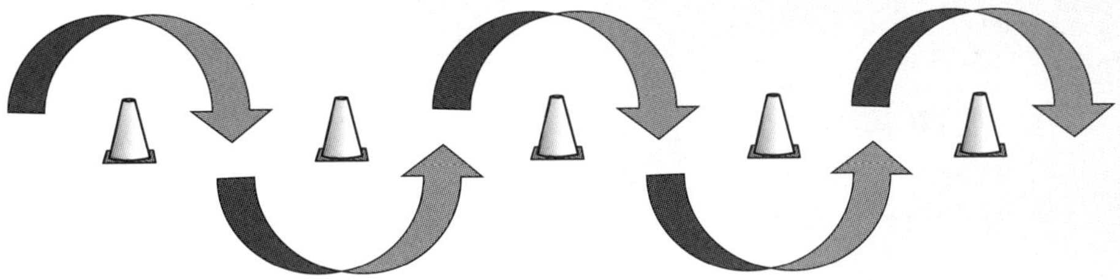

技能检查

- 平稳地贴在或坐在踏板车踏板上（例如，绝不能站在踏板上，双手应保持在两侧，头发和衣服远离车轮）。
- 保证学生用腹部支撑，并在活动的第 1 部分用双手推动，而在活动第 2 部分用双脚推动。

左右对称活动

第8周
第7级

技能发展

肌肉运动直觉意识、触觉意识、运动技能

器材

- 跳箱——一个长宽均为18英寸（约45厘米）、高12英寸（约30厘米）、专为学生走上、跳下的坚固平台
- 4只锥筒
- 活动学习卡片（配有大写字母和拼字）
- 倾斜的坡道（任选的）
- 4条胶带

设置

如图显示，用胶带在跳箱后面一定距离的地板上标志4条直线：12英寸（约30厘米）、14英寸（约36厘米）、16英寸（约41厘米）和18英寸（约46厘米）。在每条直线旁边，放一只带有活动学习卡片的锥筒。

活动

如果找不到斜坡垫，也可以完成活动。可用垫子，学生从垫子上爬到跳箱上面。

1. 到达跳箱上并摆出正确的跳跃姿势，双膝弯曲，双臂向身体后伸展。
2. 跳到最近的一条直线上，说出直线旁的那只锥筒的卡片上显示的内容。
3. 到达跳箱上，并摆出正确的跳跃姿势，双膝弯曲，双臂向身体后伸展。跳到第2条线上，并说出这条线旁的那只锥筒的卡片上显示的内容。
4. 到达跳箱上并摆出正确的跳跃姿势，双膝弯曲，双臂向后伸展。跳到第3条线上，并说出这条直线旁的那只锥筒的卡片上显示的内容。
5. 到达跳箱上，并摆出正确的姿势，双膝弯曲，双臂向后延伸。跳到第4条线上，并说出这条直线旁的那只锥筒的卡片上显示的内容。

第8周
第7级

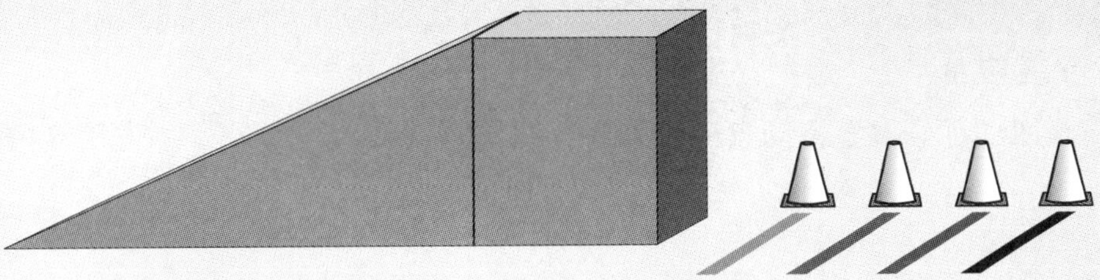

技能检查

- 提醒学生重点运用正确的立定跳远的姿势：
  - 起跳前弯曲双膝，双臂向身体后延伸。
  - 起跳时，使劲向前上方用力甩双臂（高过头顶）。
  - 双脚同时起跳并落地。
  - 双臂向下运动，并落下。

左右对称活动

第8周
第8级

技能发展

眼 - 手协调、空间意识、方向性

器材

- 4 只直径 28~30 英寸（71~76 厘米）的呼啦圈
- 每个学生一个直径 8.5 英寸（约 22 厘米）的运动球

设置

每只呼啦圈两两间隔 4 英尺（约 1.2 米），以分散的形式摆放好。

活动

1. 走向每只呼啦圈，并用双手在呼啦圈里面拍、接球。每拍一次球，都要按照字母表的顺序说出一个字母。
2. 坐在呼啦圈外面，并同时用双脚绕着呼啦圈内侧滚动球。

技能检查

- 学生应该用手指（不是手掌）拍球并控制球。
- 保证学生同时使用双脚。

3

单侧活动

运动需要并激活两侧大脑半球之间的信息转换。也就是说，年幼的儿童必须运动才能学习；长时间坐着使儿童处于一种紧张状态。单侧活动通过身体独立的一侧发展大脑的另一侧，有助于大脑半球的发展。这就使儿童为学习做准备，或为他们大脑半球的相互作用做准备。特别是身体一侧的独立有助于发展大脑的神经通路，通过需要平衡的活动来激活前庭器。这些活动包括单腿跳、单侧爬行和行走，以及向目标投掷物体（向前，并用同一只脚和手投掷），每次活动期间都单独使用大脑的一侧半球。本章列出了学生仅使用身体一侧的一些活动，接下来将用身体的另一侧活动，两侧交替运动，直到音乐停止为止。

按照下列指导，每周选择适合的活动学习卡片：

第 1 周：颜色和形状
第 2 周：数字
第 3 周：小写字母
第 4 周：配有图和小写字母
第 5 周：大写字母
第 6 周：配有图和大写字母
第 7 周：配有小写字母和拼字
第 8 周：配有大写字母和拼字

尽管这些活动类型会给你一些可遵循的、一般性的指导，但是，某些具体的活动可能会比这里描述的活动更能唤起你对某个不同类型的活动的记忆。

单侧活动

第 1 周
第 1 级

技能发展

偏重身体一侧、运动设计、整体运动协调

器材

- 1 个空翻垫
- 4 只锥筒
- 活动学习卡片（不同的颜色和形状）

设置

把锥筒摆成一条直线，与垫子间隔 2 英尺（0.6 米）。（图中显示了锥筒交错摆放。）

活动

1. 用右手和右腿同时从一只锥筒向另一只锥筒做单侧爬行运动，然后再用左手和左腿同时做这个动作。当经过每只锥筒时，说出那只锥筒上的卡片上显示的内容。
2. 当到达最后一只锥筒时，就向原来的出发点，用左手和左腿同时向后做单侧爬行运动，然后再同时用右手和右腿做运动。

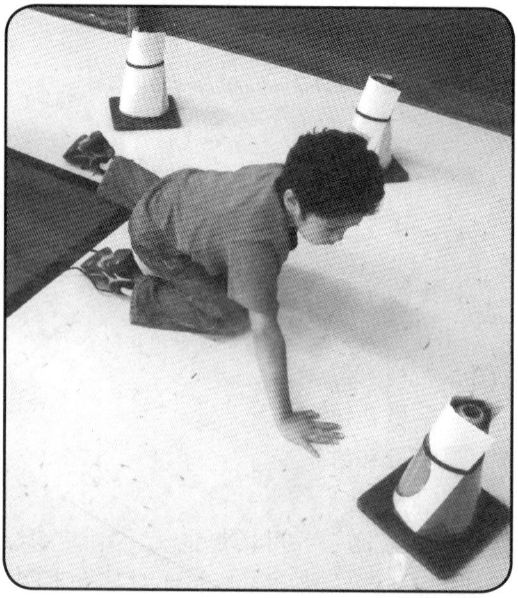

技能检查

- 学生应该抬起他们的身体，以便用手和膝盖支撑身体的重量，而不用腹部接触地面。
- 运动应该是连续的。
- 相应的手和膝盖应该同时向前运动。

单侧活动

第1周
第2级

技能发展

偏重身体一侧、运动技能、空间意识、运动设计

器材

- 跳房子游戏垫
- 活动学习卡片（不同的颜色和形状）

活动

只用左脚从垫子上跳跃过去。每次跳跃时，说出脚跳入的那块正方形上的卡片上显示的内容。用右脚重复这个活动。继续以这一方式用左脚跳跃垫子，然后，用右脚跳跃，再用左脚往回跳，这样继续跳下去。

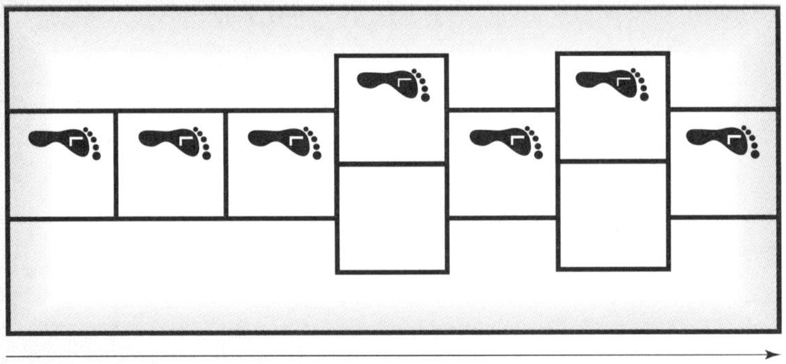

技能检查

- 学生应该只用一只脚跳进每块正方形里，而保持一侧身体独立。
- 保证学生运用正确的单脚跳姿势：
  - 像摆钟一样摆动无重量支撑的腿，产生动力。
  - 落地时，把无重量支撑的那条腿的脚放到身体后面。
  - 弯曲双臂，并向后摆动，使其产生动力。

第1周
第3级

技能发展

偏重身体一侧、运动技能、运动设计

器材

- 地板垫
- 墙垫
- 活动学习卡片（不同的颜色和形状）

活动

- 地板垫：始终保持同一只脚在前面，快速地穿越正方形。当脚落到每块正方形里时，说出那块正方形里卡片上显示的内容。

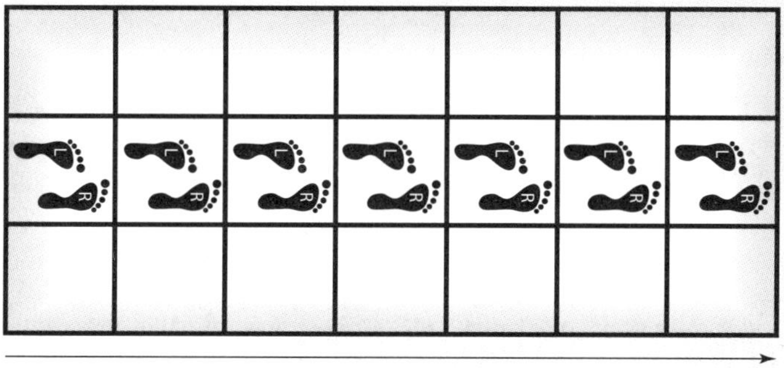

快速穿越过正方形

- 墙垫：从垫子的左上角开始，用右手触摸最上行的每块正方形。然后，越过垫子返回，这次用左手触摸最底部的那行正方形。每次摸到一块正方形，要说出那块正方形卡片上显示的内容。

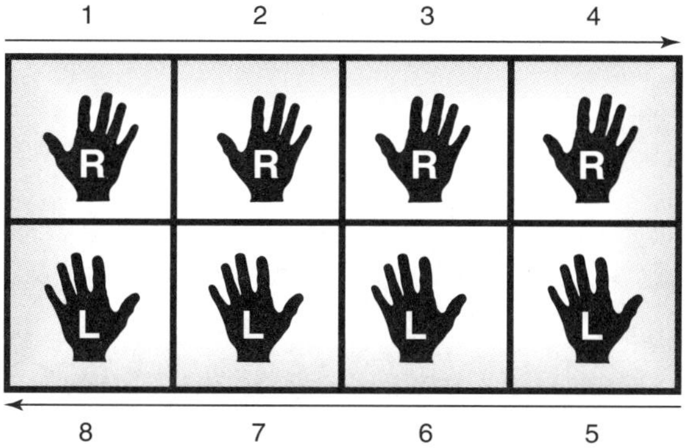

单侧活动

第1周
第3级

技能检查

- 鼓励学生大声说出卡片上显示的内容。
- 保证学生运用正确的快速行走姿势：
  - 开始时双臂弯曲并把它们放在腰间。
  - 把右脚放在左脚前一定的距离，前面的脚往前行，然后带动后面的脚往前行或紧跟前脚后面。
  - 接下来是一个关键时刻，这时双脚一起跳出地板。
  - 双脚要有节奏地运动。

第 1 周
第 4 级

技能发展

空间意识、眼 - 手协调、身体意识、整体运动协调

器材

- 每个学生一只呼啦圈
- 每个学生一个直径 8.5 英寸（约 22 厘米）的运动球

活动

1. 当用一只手的指尖在呼啦圈内滚动球时，身体围绕着呼啦圈外爬行。
2. 当用肘部在呼啦圈内滚球时，身体绕着呼啦圈外做爬行动作。
3. 用另一侧，向相反的方向做爬行运动。用最靠近球的手滚球。

技能检查

- 保证学生运用正确的爬行姿势：
  - 抬起身体，用手和膝盖支撑身体的重量，而不用腹部接触地面。
  - 运动应该是连续的。
  - 右手和左膝（或左手和右膝）应该同时向前运动。

第1周
第5级

技能发展

偏重身体一侧、运动设计、动态平衡

器材

阶梯垫

活动

用右脚单脚跳在阶梯垫的横线上。每次落脚时，说出横档的颜色。用左脚重复这个单脚跳动作。

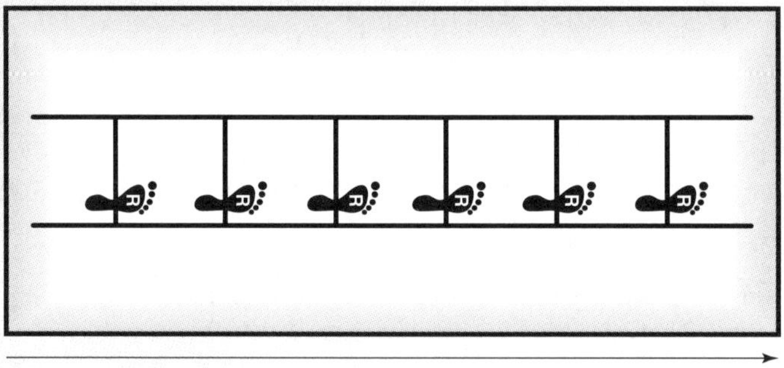

技能检查

- 保证学生运用正确的单脚跳姿势：
  - 像摆钟一样摆动无重量支撑的腿，产生动力。
  - 落地时，把无重量支撑的那条腿的脚放到身体后面。
  - 弯曲双臂，并向后摆动，使其产生动力。

第1周
第6级

技能发展

偏重身体一侧、运动技能、运动设计

器材

- 敏捷按铃（用于敏捷训练或游戏的圆形按铃。这种按铃可以在第1章描述的一些体育教育目录里找到）。
- 活动学习卡片（配有图形和大写字母）

设置

把按铃一个接一个地摆放在地板上。在每个按铃上放一张活动学习卡片。

活动

单脚往前跳过3个按铃，落地时，说出所跳到的每个按铃上面的卡片显示的字母，然后单脚跳到下一个按铃，并说出卡片显示的内容。继续跳到下一个字母图片序列。

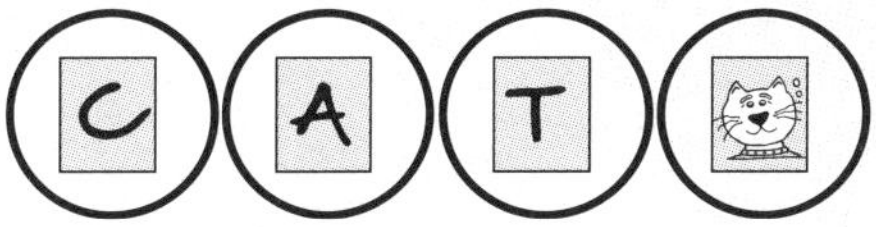

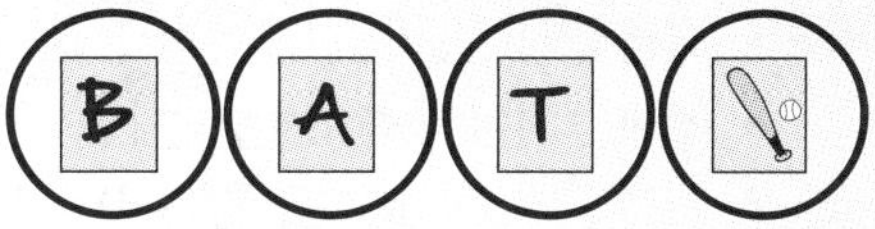

技能检查

- 保证学生运用正确的单脚跳姿势：
  - 像摆钟一样摆动无重量支撑的腿，产生动力。
  - 落地时，把无重量支撑的那条腿的脚放到身体后面。
  - 弯曲双臂并向后摆动，使其产生动力。

第 1 周
第 7 级

技能发展

单侧运动、平衡性

器材

- 2 只提桶
- 2 个豆子袋
- 地板胶带

设置

用胶带在地板上贴一条 2 英寸厚（约 5 厘米）和 6 英尺（约 1.8 米）长的直线，代表一条平衡木。在直线的一端放一只装 2 个豆子袋的提桶，线的另一端放一只空桶。

活动

用空着的那只手提着装着 2 个豆子袋的木桶在直线上行走。走到直线的末端，把豆子袋从桶里拿出来，并用手不过肩投球的方式把它们扔进空桶里，同时保持身体平衡。重新取回袋子，往回走到线的起点。重复这一活动。

技能检查

- 保证学生从头到尾一直走在线上。
- 保证学生是站在线上进行投掷。
- 保证学生运用正确的行走姿势：
  - 保持身体垂直站好。
  - 应该能从耳朵到肩膀划一条直线。
  - 使髋关节、膝盖和踝关节成一行。
  - 头抬起，往前看，下颚应该与地面保持平行。
  - 两肩放松，手臂弯曲。
  - 摆动双臂，与双脚动作协调。
  - 从头走到尾。
- 保证学生运用正确的手不过肩投球姿势：
  - 面对目标。
  - 向前迈出与投掷手相反的那只脚。
  - 把手臂收回，然后往前摆动手臂，把球投进去。

第1周
第8级

技能发展

偏重身体一侧、动态平衡、方向性

器材

地板平衡木

活动

1. 站在平衡木的一侧，往右滑行。右脚滑出，直到两脚的间距与肩同宽，然后，把左脚滑过去跟上右脚。每次滑动时说“向右”。
2. 站在平衡木的一侧，从开始的地方向左边往回滑。左脚滑出，直到两脚的间距与肩同宽，然后，把右脚滑过去跟上左脚。每次滑动时说“向左”。

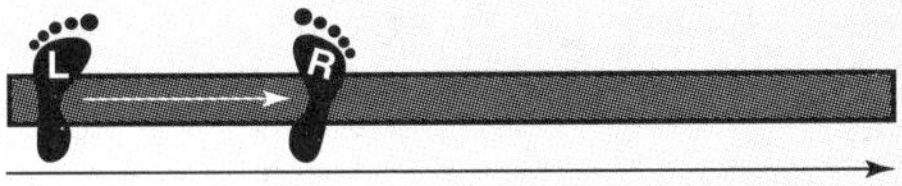

技能检查

- 保证学生运用正确的滑行姿势：
  - 身体转向一侧（两肩与平衡木成平行，脚趾的指向与平衡木垂直）。
  - 前面的脚沿着一侧前行，然后，随后的那只脚滑过去跟上。
  - 做有节奏的连续运动。
- 保证学生运用动态平衡（运动中的平衡）保持在运动中的平衡。由于要举着豆子袋，所以他们可能需要帮助。
- 学生应该在不摔倒或依靠其他物体（如椅子或墙）的情况下顺利地完成任务。

单侧活动

第2周
第1级

技能发展

偏重身体一侧、运动设计、整体运动协调

器材

- 6只锥筒
- 6个锥筒轴环
- 活动学习卡片（不同的数字）

设置

把6只锥筒间隔4英尺（1.2米）摆成一条直线。

活动

1. 单侧行走，同时运动右肩和右腿从一只锥筒走到一只锥筒。当到达每只锥筒时，说出其卡片上显示的内容。
2. 单侧往回行走。

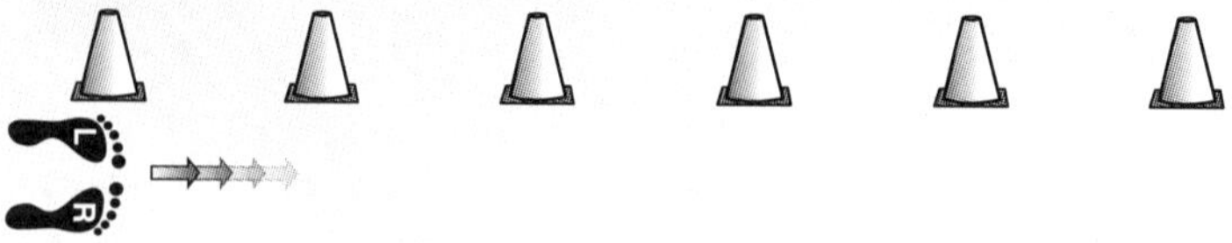

技能检查

- 保证学生运用正确的单侧行走姿势：
  - 保持身体垂直站好（想象从两侧耳边向肩的两边划一条直线）。
  - 臀部、膝部和踝部成一条直线。
  - 抬头往前看，下颚与地面平行。
  - 两肩放松，两臂弯曲。
  - 同时运动身体同侧胳膊和脚。
  - 从头走到尾。

第2周
第2级

技能发展

偏重身体一侧、运动技能、空间意识、运动设计

器材

- 跳房子游戏垫
- 活动学习卡片（不同的数字）

活动

只用左脚单脚跳跃垫子。每次跳跃后，说出所落在的那块正方形上的卡片的内容。只用右脚重复这个活动。用左脚继续以这种方式单脚跳完垫子，接下来，用右脚单脚跳跃垫子，然后左右脚依次交替（本活动与第1周的第2级活动一样）。

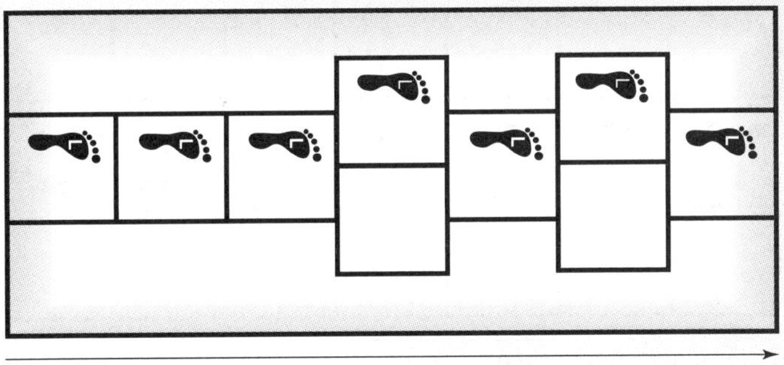

技能检查

- 学生应该只用一只脚跳进每块正方形里，因此，使身体一侧保持独立。
- 保证学生运用正确的单脚跳姿势：
  - 像一只钟摆一样摆动无重量支撑的腿，产生动力。
  - 脚落地时，把无重量支撑的那条腿的脚放在身后。
  - 弯曲双臂，并向后摆动，使其产生动力。

第2周
第3级

技能发展

偏重身体一侧、运动技能、运动设计

器材

- 地板垫
- 墙垫
- 活动学习卡片（不同的数字）

活动

- 地板垫：始终保持同一只脚在前，快速地走过正方形；当快走时，用双手拍打前腿。当落在每块正方形里时，说出那块正方形里卡片上显示的内容。

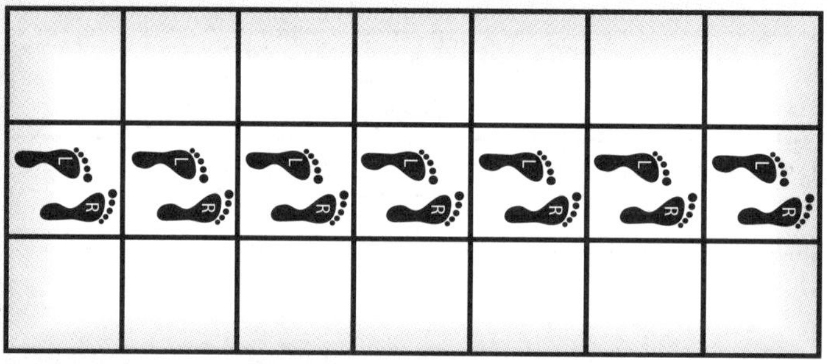

在快速穿过正方形时，双手拍打前腿

- 墙垫：以左上方的正方形开始，用左手触摸顶部的正方形，一直触摸到每列垫子的最后那块正方形（从左向右运动）。当每次触摸一块正方形时，说出那块正方形的卡片上显示的内容。当达到垫子的终点时，转换双手，并向返回的方向，以同样从顶部到底部的方式从垫子上返回（从右向左）。

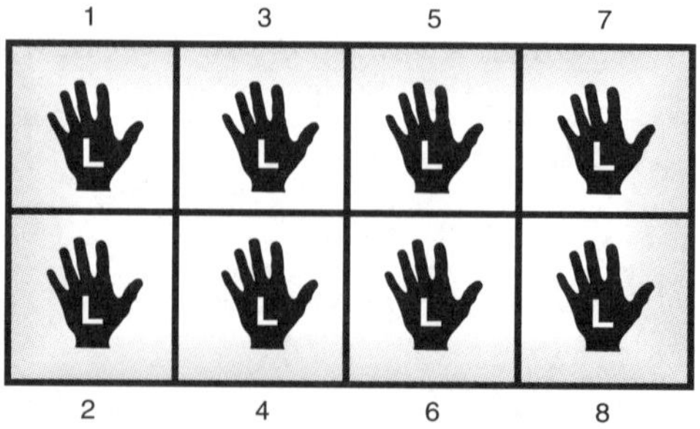

技能检查

- 保证学生运用正确的快速行走姿势：
  - 开始双臂弯曲，举到胸部。
  - 开始双脚并拢，一只脚向前走（这是引导脚），随后，另一只脚跟上来或紧跟前脚的后面。
  - 接下来是一个重要时刻，这时双脚跳离地板。
  - 有节奏地运动双脚。

单侧活动

第2周
第4级

技能发展

空间意识、整体运动协调

器材

- 呼啦圈
- 直径 8.5 英寸（约 22 厘米）的运动球
- 长软条

活动

1. 一只手在呼啦圈里面滚球的同时身体绕着呼啦圈外做爬行运动。
2. 用软条在呼啦圈里面滚球的同时绕着呼啦圈外行走。
3. 绕呼啦圈走完全程后，重复步骤 1 和步骤 2，并向相反的方向行走。

技能检查

- 保证学生只用一只手滚球，并用另一只手拿软条。
- 保证学生运用正确的行走姿势：
  - 保持身体垂直，站好。
  - 应该能从耳朵到肩膀画一条直线。
  - 使髋关节、膝盖和踝关节成一行。
  - 头抬起，往前看，下颚应该与地面保持平行。
  - 两肩放松，手臂弯曲。
  - 摆动双臂，与双脚动作协调。
  - 从头走到尾。

第2周
第5级

技能发展

偏重身体一侧、运动设计、整体运动协调、动态平衡

器材

阶梯垫

活动

用左脚单脚跳到阶梯垫的横线上。每次落地时，说出那块横板上的颜色。用另一只脚重复这个动作。（这个活动与第1周的第5级一样。）

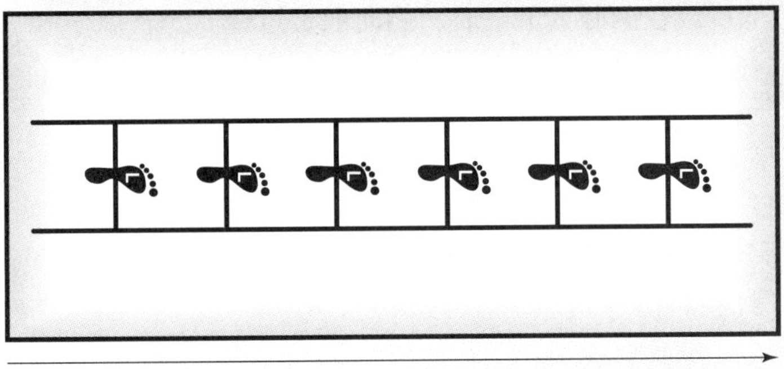

技能检查

- 保证学生运用正确的单脚跳姿势：
  - 像一只钟摆一样摆动无重量支撑的腿，产生动力。
  - 脚落地时，把无重量支撑的那只腿的脚放在你身后。
  - 弯曲双臂，向后摆动，使其产生动力。

单侧活动

第2周
第6级

技能发展

偏重身体一侧、运动技能、运动设计

器材

- 敏捷铃
- 地板图案卡片（可以从网上获得）

活动

1. 选择一副地板图案卡片，并把铃放在卡片上显示的地板图案上。用一只脚向前跳过铃，然后再用另一只脚跳。
2. 把双手放在两膝盖上沿着一侧向前走过铃。

技能检查

- 保证学生运用正确的单脚跳姿势：
  - 像一只钟摆一样摆动无重量支撑的腿，产生动力。
  - 脚落地时，把无重量支撑的那条腿的脚放在身后。
  - 弯曲双臂，向后摆动，使其产生动力。

第2周
第7级

技能发展

偏重身体一侧、动态平衡、方向性

器材

- 地板平衡木
- 豆子袋

活动

1. 右手拿着豆子袋，站在平衡木的边上，并向右滑行。右脚滑出，直到两脚距离与肩同宽为止，然后再滑动左脚跟上右脚。每次滑动时，都说“向右”。
2. 左手举着豆子袋，站在平衡木的边上，并向左滑行。左脚滑出，直到两脚距离与肩同宽为止，然后再滑动右脚跟上左脚。每次滑动时，都说“向左”。

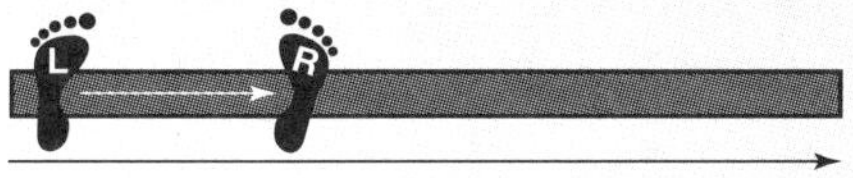

技能检查

- 保证学生说出相应的方向（左或右），并用相对应的手举着豆子袋。
- 保证学生运用正确的滑行姿势：
  - 身体转向一侧（两肩与平衡木成一行，脚趾的指向与平衡木垂直）。
  - 前面的脚沿着一侧前行，然后，随后的那只脚滑过去跟上。
  - 做有节奏的连续运动。
- 保证学生在运动中运用动态平衡保持平衡。由于他们手里拿着豆子袋，所以可能需要帮助。
- 学生应该在不摔倒或依靠某个物体（如椅子或墙）的情况下顺利地完成任务。

第2周
第8级

技能发展

偏重身体一侧、准确性

器材

- 每个学生一个直径 8.5 英寸（约 22 厘米）的运动球
- 每个学生一个塑料保龄球栓或一块泡沫塑料砖
- 地板胶带

设置

用地板胶带在地板上粘一条直线，这样，学生就可以看到球滚动的目标了。学生应该距离保龄球栓大约 10 英尺（3 米）。

活动

单膝下跪，把球滚动到保龄球栓或塑料砖里。把球重新捡回来，如果砖或栓被踢倒，就把砖或栓放好，再一次返回去滚球。当电台音乐响起来时，要尽量多地滚动球。

技能检查

- 保证学生运用正确的从单膝下跪到下手滚球的姿势：
  - 面向目标。
  - 手臂做一个钟摆滚动球（如保龄球）。
  - 把球放到地上。
  - 随后把滚动球的手划向天空或天花板。

第3周
第1级

技能发展

偏重身体一侧、运动设计、整体运动协调

器材

- 一个空翻垫
- 4 只锥筒
- 4 只锥筒轴环
- 活动学习卡片（配有小写字母）

设置

把 4 只锥筒放在垫子上摆成一条两两间隔 2 英尺（0.6 米）的直线。

活动

1. 用右手和右腿同时做单侧爬行运动，从一只锥筒爬向另一只锥筒，然后，再用左手和左腿同时做这个动作。当爬过每只锥筒时，说出那只锥筒卡片上显示的内容。
2. 一旦爬到最后一只锥筒，用左手和左腿同时往回，向着原来起点的方向做单侧爬行运动，然后，再用右手和右腿同时做这个动作。

技能检查

- 学生应该把身体抬起来，用双手和两膝盖支撑自己的体重，而不能让腹部接触地板。
- 运动应该是连续的。
- 相关的手和膝盖应该同时往前运动。

单侧活动

第3周
第2级

技能发展

偏重身体一侧、运动技能、空间意识、运动设计

器材

- 跳房子游戏垫
- 活动学习卡片（根据指导者的判断力）

活动

只用左脚单脚在垫子上跳跃。每跳跃一次，说出落在的那块正方形上面的卡片显示的内容。现在，转过去，然后用右脚单脚往回跳。像以前一样，每次落地时，说出落在的每块正方形上面的卡片显示的内容。

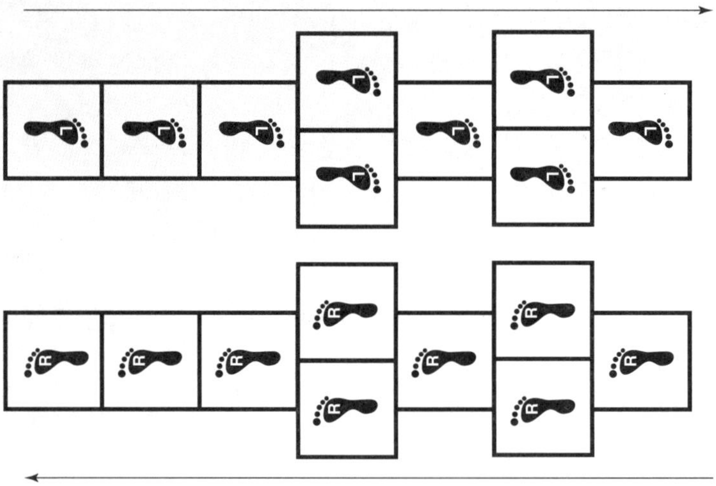

技能检查

- 学生应该仅用一只脚跳进每块正方形里，而使另一侧身体保持独立。
- 保证学生运用正确的单脚跳姿势：
  - 像一只钟摆一样摆动无重量支撑的腿，产生动力。
  - 脚落地时，把无重量支撑的那条腿的脚放在身后。
  - 弯曲双臂，向后摆动，使其产生动力。

第3周
第3级

技能发展

偏重身体一侧、运动技能、运动设计

器材

- 地板垫
- 墙垫
- 活动学习卡片（配有小写字母）

活动

- 地板垫：以“Z”字形单腿从一块正方形跳到另一块正方形（左斜、右斜、左斜等）。当跳到每块正方形上面时，说出在那块正方形的卡片上显示的内容。用一只脚单腿跳完全程，然后再换另一只脚跳完全程。

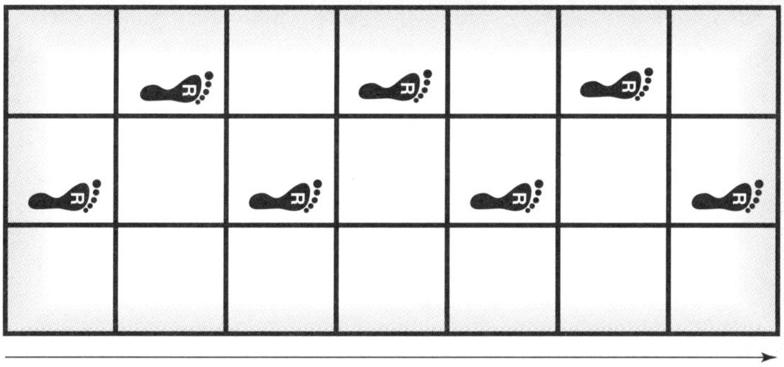

- 墙垫：从左向右在垫子上运动，用一只手以Z字形触摸正方形（右下、右上、右下）。每次触摸正方形时，说出那块正方形的卡片上显示的内容。转换双手，往回做垫上运动（左下、左上、左下），当触摸每块正方形时，说出显示在那块正方形上卡片的内容。

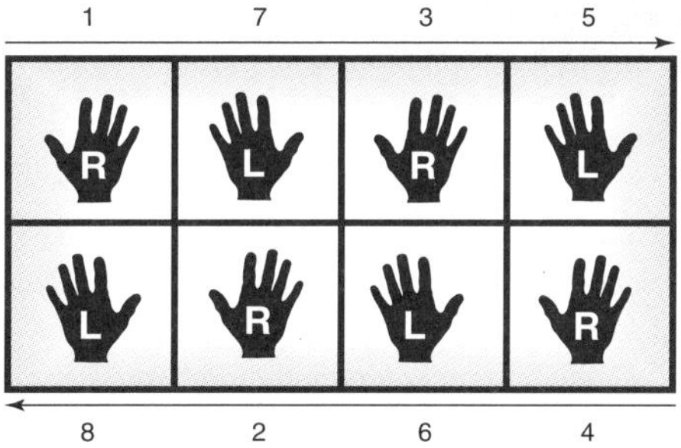

单侧活动

第3周
第3级

技能检查

- 学生应该只用一只脚跳进每块正方形里，而使另一侧身体保持独立。
- 保证学生运用正确的单脚跳姿势：
  - 像一只钟摆一样摆动无重量支撑的腿，产生动力。
  - 脚落地时，把无重量支撑的那只腿的脚放在身后。
  - 弯曲双臂，向后摆动，使其产生动力。

技能发展

偏重身体一侧、运动设计、协调性

器材

每个学生一根 Foo-Foo 棍

活动

1. 仰卧，右手拿着 Foo-Foo 棍。运动右臂和右脚（好像在做一个雪天使），同时尝试着让棍棒触摸右脚跟。
2. 用左臂和左腿做同样的动作。

技能检查

保证学生运动身体同一侧的胳膊和腿，并尝试使棍棒触摸脚跟。

单侧活动

第3周
第5级

技能发展

偏重身体一侧、运动技能、运动设计

器材

- 阶梯垫
- 学习活动卡片（配有小写字母）

活动

在阶梯垫横线之间单脚从一块正方形向另一块正方形跳跃。每次跳下来时，说出踩在的那块正方形上的卡片显示的内容。用一只脚单脚跳完全程，然后，再用另一只脚跳完全程。

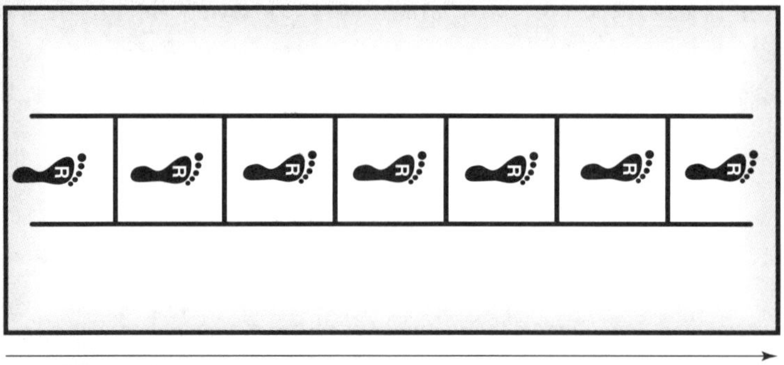

技能检查

- 学生应该只用一只脚跳进每块正方形里，而使另一侧身体保持独立。
- 保证学生运用正确的单脚跳姿势：
  - 像一只钟摆一样摆动无重量支撑的腿，产生动力。
  - 脚落地时，把无重量支撑的那条腿的脚放在身后。
  - 弯曲双臂，向后摆动，使其产生动力。

技能发展

偏重身体一侧、运动技能、运动设计

器材

敏捷铃

设置

把敏捷铃摆成一条直线，使其互相接触。

活动

1. 在敏捷铃的一侧做单脚跳跃，每次单脚跳跃一个铃。
2. 把双手放在两膝盖上，沿着敏捷铃的一侧向前走。右脚在前，左脚紧跟其后。一旦到达终点，就面向相同的方向不动，然后，沿着一侧向左走，返回到起点（左脚在前，右脚紧跟其后）。
3. 单脚跳跃敏捷铃，说出跳到的每个铃的颜色。
4. 单脚跳跃敏捷铃，沿途清点铃的数目。

技能检查

- 保证学生运用正确的单脚跳姿势：
  - 像一只钟摆一样摆动无重量支撑的腿，产生动力。
  - 脚落地时，把无重量支撑的那条腿的脚放在身后。
  - 弯曲双臂，向后摆动，使其产生动力。

第3周
第7级

技能发展

偏重身体一侧、眼 - 手协调、追踪技能

器材

- 4 只塑料划桨
- 4 个豆子袋

活动

1. 把豆子袋放在划桨上，并用优势手举起划桨。用划桨投掷并接住豆子袋。大声数出连续投掷、接住袋子的次数。用非优势手重复这一动作。
2. 做一个变化，每投掷一次，说出字母表中的一个字母。
3. 做高一级的变动，用划桨投掷豆子袋后，再用划桨把豆子袋往墙上击打。

技能检查

提醒学生抛掷豆子袋要像抛薄煎饼一样。

第3周
第8级

技能发展

偏重身体一侧、动态平衡、方向性

器材

- 地板平衡木
- 提桶
- 豆子袋

活动

1. 右手提着桶，站在平衡木的一侧，并向右滑行。右脚滑出与肩同宽，然后，滑动左脚跟上右脚。每滑动一次，说“向右”。为了使提桶更重，往桶里加豆子袋。当达到平衡木的终点时，下来，并再次开始。
2. 左手提着桶，站在平衡木的一侧，并向左滑行。左脚滑出与肩同宽，然后滑动右脚跟上左脚。每滑动一次，说“向左”。为了使提桶更重，往桶里加豆子袋。

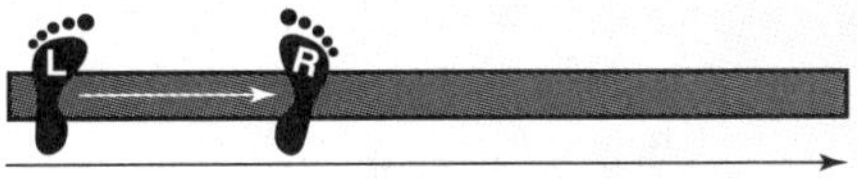

技能检查

- 保证学生说出相关的方向（左或右），并用相应的手举着豆子袋。
- 保证学生运用正确的滑行姿势：
  - 身体转向一侧（两肩与平衡木成一行，脚趾的指向与平衡木垂直）。
  - 前面的脚沿着一侧前行，然后，拖在后面的那只脚滑过去跟上。
  - 做有节奏的连续运动。
- 保证学生在运动中运用动态平衡保持平衡。由于他们手里拿着豆子袋，所以可能需要帮助。
- 学生应该在不摔倒或依靠某个物体（如椅子或墙）的情况下顺利地完成任务。

单侧活动

第4周
第1级

技能发展

偏重身体一侧、运动设计、整体运动协调

器材

- 锥筒
- 锥筒轴环
- 学习活动卡片（配有图形和小写字母）

活动

1. 同时运动右臂和右腿，单侧从一只锥筒走向另一只锥筒。当到达每只锥筒时，说出锥筒上的卡片显示的内容。
2. 单侧往回行走。

技能检查

- 保证学生运用正确的单侧行走姿势：
  - 保持身体垂直站好（想象从两侧耳边向肩的两边划一条直线）。
  - 臀部、膝部和踝部成一条直线。
  - 抬头向前看，下颚与地面平行。
  - 双肩放松，两臂弯曲。
  - 同时运动身体一侧的胳膊和脚。
  - 从头走到尾。

技能发展

偏重身体一侧、运动技能、运动设计、空间意识

器材

- 跳房子游戏垫
- 学习活动卡片（配有图形和小写字母）

活动

只用左脚单脚跳跃垫子。每跳跃一次，说出跳到的那块正方形上的卡片显示的内容。只用右脚重复这个动作。

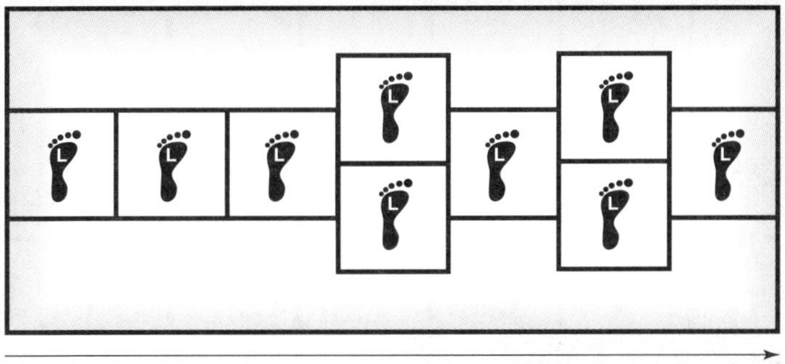

技能检查

- 学生应该只用一只脚跳进每块正方形里，而使另一侧身体保持独立。
- 保证学生运用正确的单脚跳姿势：
  - 像一只钟摆一样摆动无重量支撑的腿，产生动力。
  - 脚落地时，把无重量支撑的那条腿的脚放在身后。
  - 弯曲双臂，向后摆动，使其产生动力。

第4周
第3级

技能发展

偏重身体一侧、运动技能、运动设计

器材

- 地板垫
- 墙垫

活动

- 地板垫：向后每跨一大步跳过一块正方形，走过垫子。把右手放在右膝盖上，左手放在左膝盖上。

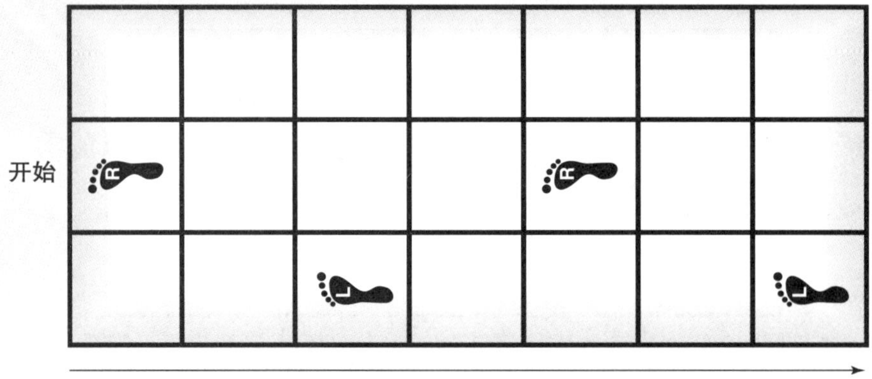

- 墙垫：用左脚单脚跳跃 5 次，然后用左手触摸垫子。下一轮，用右脚和右手重复这个动作。

左脚单脚跳，然后用左手触摸墙垫；用右脚和右手重复这个动作

技能检查

- 保证学生运用正确的单脚跳姿势：
  - 像一只钟摆一样摆动无重量支撑的腿，产生动力。
  - 脚落地时，把无重量支撑的那条腿的脚放在身后。
  - 弯曲双臂，向后摆动，使其产生动力。
- 当学生触摸墙垫时，保证学生是用与单腿跳的那只脚相匹配的手触摸墙垫（如学生左手触摸墙垫的同时左脚单腿跳）。

第4周
第4级

技能发展

眼 - 手协调

器材

杯 - 球套（cup-and-ball，一种玩具）

活动

1. 用右手摆动球，并尝试用杯套接住球。大声数出接住球的次数。
2. 用左手重复这个动作。

技能检查

保证学生每次只用一只手，并报出他们接球的次数。

技能发展

偏重身体一侧、运动技能、运动设计

器材

- 阶梯垫
- 学习活动卡片（指导者自行选择）

活动

1. 面向阶梯右边站立，沿着边缘滑动右脚。右脚滑开与肩同宽，然后滑动左脚跟上右脚。当滑到每块正方形时，说出那块正方形上的卡片显示的内容。
2. 一旦到达终点，面向同样的方向不动，并沿着边缘向左往回滑行，这样，就可以返回出发点了。左脚滑开与肩同宽，然后滑动右脚跟上左脚。当滑到每块正方形时，说出那块正方形上的卡片显示的内容。

技能检查

- 保证学生运用正确的滑行姿势：
  - 身体转向一侧（两肩与平衡木平行，脚趾的指向与平衡木垂直）。
  - 前面的脚沿着一侧前行，然后，随后的那只脚滑过去跟上。
  - 做有节奏的连续运动。

单侧活动

第4周
第6级

技能发展

偏重身体一侧、运动设计、整体运动协调

器材

- 每个学生一块踏板车踏板
- 跳绳（10 英尺或 3 米长）
- 排球栏杆或相似的设备

设置

把绳子系在排球栏杆或相似的设备底部，并把绳子全部展开在地上。把踏板车放置在绳子闲置的一端。

活动

1. 身体躯干躺在踏板车踏板上，并用右手拽绳子把自己往前拉。
2. 用你的左手重复这个动作。
3. 坐在踏板车踏板上，并用自己的右手拽绳子把自己往前拉。
4. 用左手重复这个动作。

技能检查

- 平稳地压在踏板车板上（例如，绝不能站在板上或用双手抓绳子，头发和衣服应远离车轮）。
- 保证学生只用一只手把自己往前推，使身体的一侧独立。

技能发展

偏重身体一侧、眼 - 脚协调

器材

白、黑泡沫塑料砖（每行 5 块）

设置

把泡沫塑料砖摆成两行——右边一行是白砖，左边一行是黑砖。每一行，每块砖的间隔应该是 2 英尺（0.6 米）。图中显示相对的两行相互错开摆放。

活动

在两行砖之间行走，用左脚把黑砖踢倒，用右脚把白砖踢倒。

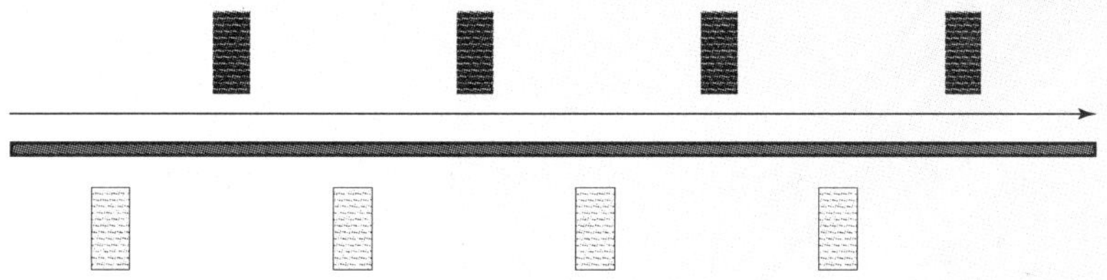

技能检查

保证学生用正确的脚踢每块砖（左脚踢黑砖，右脚踢白砖）。

第4周
第8级

技能发展

偏重身体一侧、运动设计、协调性

器材

- 每个学生一个呼啦圈
- 飞盘
- 地板胶带

设置

把呼啦圈靠墙放在地板上。一行里每个呼啦圈的间隔应该大约 3 英尺（0.9 米）。用地板胶带画一条距离呼啦圈大约 5 英尺的直线。

活动

1. 用右手把飞盘投向目标的同时右脚向前迈。
2. 用左手和左脚做同样的动作。

技能检查

- 保证学生保持身体一侧独立，向前迈一只脚，并用同一侧的手投掷。
- 保证学生运用正确的投掷飞盘的姿势：
  - 把投掷的手翻过来，手掌朝上。用示指和拇指拿着飞盘，示指捏着飞盘外面的边缘，拇指捏着飞盘的上部，其他的三个手指放在飞盘的底部。
  - 保持手掌朝上，投掷的胳膊肘朝向身体（但不要紧贴身体）。
  - 面向目标，跟投掷手同一侧的脚向前迈，然后把飞盘投掷出去。
  - 迅速地弯曲手腕和手指；始终保持掌心朝上把飞盘投出，完成动作。

第5周
第1级

技能发展

运动技能、运动设计

器材

- 6只锥筒
- 6只锥筒轴环
- 学习活动卡片（配有图和大写字母）

设置

把6只锥筒间隔大约4英尺（约1.2米）摆成一条直线。把配好的字母和图片交替放在每只锥筒上——如字母A、苹果图、字母B、球图。

活动

单脚从一只锥筒向另一只锥筒跳跃。每跳到一只锥筒时，说出那只锥筒上的卡片显示的字母或图。

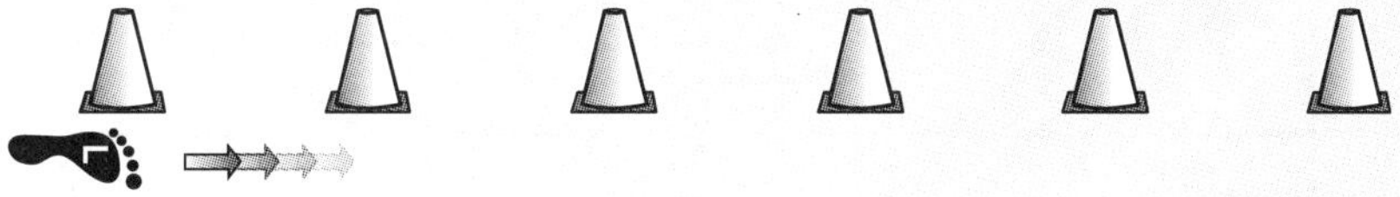

技能检查

- 保证学生运用正确的单脚跳姿势：
  - 像一只钟摆一样摆动无重量支撑的腿，产生动力。
  - 脚落地时，把无重量支撑的那条腿的脚放在身后。
  - 弯曲双臂，向后摆动，使其产生动力。

第5周
第2级

技能发展

偏重身体一侧、运动技能、运动设计、空间意识

器材

- 跳房子游戏垫
- 学习活动卡片（配有大写字母）

活动

只用左脚在垫子上做单脚跳跃。每跳跃一次，说出跳到的那块正方形上的卡片显示的内容。返回到垫子的起点，并用右脚重复这个活动。（这个活动除了使用不同的活动学习卡片之外，其他的内容跟第 4 周第 2 级的内容一样。）

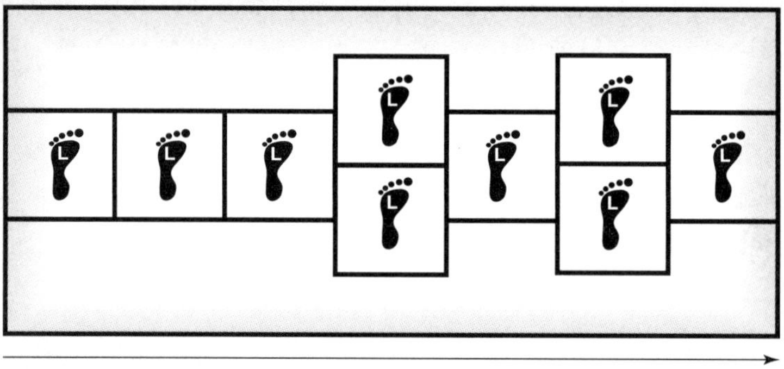

技能检查

- 应该保证学生只用一只脚跳进每块正方形，并保持身体一侧的独立。
- 保证学生运用正确的单脚跳姿势：
  - 像一只钟摆一样摆动无重量支撑的腿，产生动力。
  - 脚落地时，把无重量支撑的那条腿的脚放在身后。
  - 弯曲双臂，向后摆动，使其产生动力。

技能发展

偏重身体一侧、动态平衡、运动设计

器材

- 地板垫
- 墙垫
- 活动学习卡片（配有大写字母）

活动

- 地板垫：单脚往前跳跃 2 块正方形，然后，再往回跳跃 1 块正方形。每次单脚跳跃后，说出卡片上显示的内容。重复这种跳跃方式直到垫子的终点。现在用另一只脚连续做相同的跳跃动作。

单脚向前跳 2 块正方形，然后向后跳 1 块正方形

- 墙垫：用一只手触摸正方形垫子的一角。触摸正方形的同时，说出卡片上显示的内容。对正方形的其他三个角做同样的动作。再用另一只手触摸其他 4 块正方形垫子的 4 个角。

第5周
第3级

技能检查

- 保证学生运用正确的单脚跳姿势：
  - 像一只钟摆一样摆动无重量支撑的腿，产生动力。
  - 脚落地时，把无重量支撑的那条腿的脚放在身后。
  - 弯曲双臂，向后摆动，使其产生动力。

技能发展

移动、运动设计

器材

- 每个学生一个 Foo-Foo 棍
- 泡沫塑料几何形状或活动学习卡片（不同的形状）

活动

用 Foo-Foo 棍在空中做动作，画出泡沫塑料的形状或活动学习卡片上的形状，同时说出形状的名称。

技能检查

保证学生一只手拿着 Foo-Foo 棍在描绘形状时，大声说出每个形状的名称。

单侧活动

第5周
第5级

技能发展

偏重身体一侧、运动技能、运动设计

器材

- 阶梯垫
- 活动学习卡片（大写字母）

活动

1. 站在阶梯的右侧边，并沿着边缘向右滑行。滑出右脚，使两脚的距离与肩同宽，然后，再滑出左脚跟上右脚。每滑到一块正方形时，说出那块正方形上的卡片显示的内容。
2. 一旦到达终点，就面向相同的方向站着不动，并沿着边缘向左往回滑行，以便返回到起点。滑出左脚，使两脚的距离与肩同宽，然后，再滑出右脚跟上左脚。每滑到一块正方形时，说出那块正方形卡片上显示的内容。（此活动同第4周的第5级活动相同。）

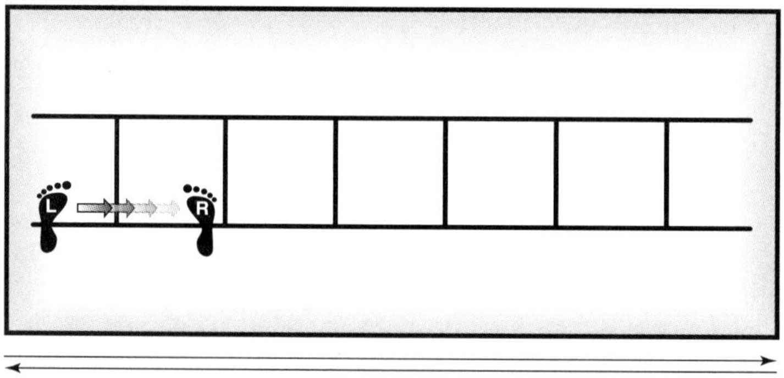

技能检查

- 保证学生运用正确的滑行姿势：
  - 身体转向一侧（两肩与平衡木平行，脚趾的指向与平衡木垂直）。
  - 前面的脚沿着一侧前行，然后，拖在后面的那只脚滑过去跟上。
  - 做有节奏的连续运动。

第5周
第6级

技能发展

偏重身体一侧、运动技能、运动设计

器材

- 每个学生一副投掷环套或豆子袋（配有呼啦圈）
- 地板胶带

设置

用地板胶带在学生投掷处做一条直线。把呼啦圈或标识放在离墙大约2英尺（0.6米）的地板上。

活动

1. 把环或豆子袋投向目标。用右手投掷的同时右脚向前迈。重复这个动作，直到音乐停止为止。
2. 用左手和左脚做同样的动作。

技能检查

- 保证学生保持身体一侧独立，向前迈进一只脚，并用同一侧的手投掷。
- 如果使用环，保证学生按照如下方式投掷：
  - 面向目标站立。
  - 用示指捏住环的外侧边缘，另外三个手指放在环底边，拇指捏住上边。
  - 迅速甩动手腕扔出环。
  - 与投掷手同一侧的脚向前迈向目标。
- 如果使用豆子袋，保证学生按照如下方式投掷：
  - 面向目标。
  - 与投掷手同一侧的脚向前迈进。
  - 胳膊往后收，然后向前摆动胳膊把豆子袋扔出。

单侧活动

第5周
第7级

技能发展

偏重身体一侧、运动技能、运动设计

器材

- 跳绳或地板胶带
- 活动学习卡片（大写字母）

设置

在地板上用跳绳或胶带做出许多像车轮辐条一样的直线（见图）。把活动学习卡片（按照一定的顺序）放在每条直线之间的空隙处。

活动

单脚从直线上跳过去，起跳和落下都用同一只脚。每次落下时，说出显示在卡片上的字母和图片。绕环跳一圈，然后用另一只脚重复这个动作。如果老师要求改变方向运动，就照做。

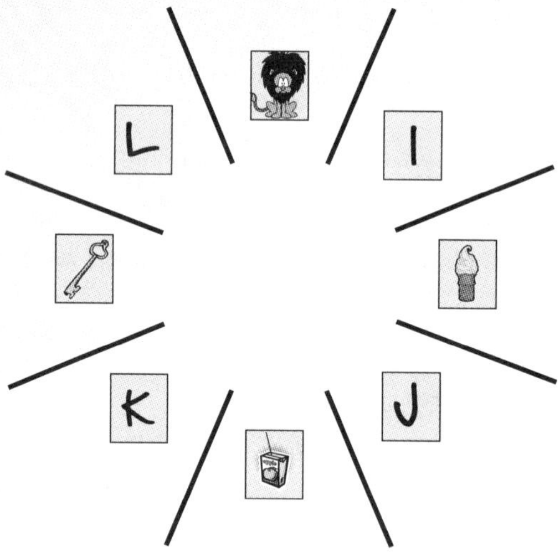

技能检查

- 保证学生运用正确的单脚跳姿势：
  - 像一只钟摆一样摆动无重量支撑的腿，产生动力。
  - 脚落地时，把无重量支撑的那条腿的脚放在身后。
  - 弯曲双臂，向后摆动，使其产生动力。

单侧活动

第5周
第8级

技能发展

偏重身体一侧、动态平衡、方向性

器材

- 地板平衡木
- 豆子袋

活动

1. 用右手手背托着一只豆子袋的同时站在平衡木的边缘上，并向右滑行。滑出右脚，直到两脚距离与肩同宽为止，然后，滑动左脚跟上右脚。每次滑动，都要说“向右”。当到达平衡木终点时，待在那不动，把豆子袋换到左手上。
2. 用左手手背托着豆子袋的同时站在平衡木的边缘上，并向左滑行。滑出左脚，直到两脚距离与肩同宽为止，然后，滑动右脚跟上左脚。每次滑动，都要说“向左”。

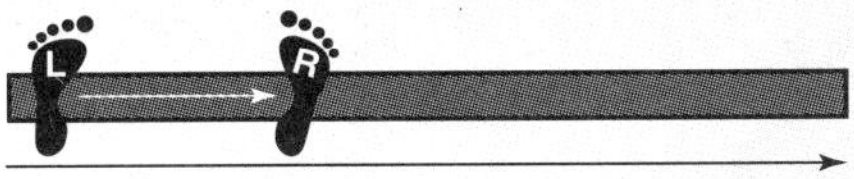

技能检查

- 保证学生说出相应的方向（左或右），并用相应的手举着袋子。
- 保证学生运用正确的滑行姿势：
  - 身体转向一侧（两肩与平衡木平行，脚趾的指向与平衡木垂直）。
  - 前脚向前行，然后，随后的那只脚滑过去跟上。
  - 做有节奏的连续运动。
- 保证学生在运动中运用动态平衡保持身体的平衡。由于要求举着豆子袋，所以他们需要帮助。
- 学生应该在不摔倒或不依靠其他物体（如椅子或墙）的情况下顺利地完成任务。

第6周
第1级

技能发展

运动技能、运动设计

器材

- 6 只锥筒
- 6 只锥筒轴环
- 活动学习卡片（配有图和大写字母）

设置

把 6 只锥筒摆成一条两两间隔大约 4 英尺（1.2 米）长的直线。把匹配好的字母和图片交替放在每只锥筒上——例如字母 A、苹果图、字母 B、球图。

活动

单脚从一只锥筒向另一只锥筒跳跃，每跳到一只锥筒时，说出显示在那只锥筒卡片上的字母或图片。用另一只脚重复这一活动。（这个活动除了使用不同的活动学习卡片之外，其他的内容与第 5 周第 1 级的一样。）

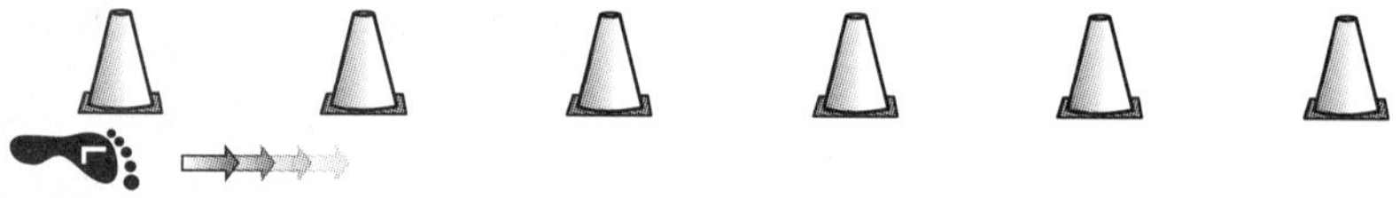

技能检查

- 保证学生运用正确的单脚跳姿势：
  - 像一只钟摆一样摆动无重量支撑的腿，产生动力。
  - 脚落地时，把无重量支撑的那条腿的脚放在身后。
  - 弯曲双臂，向后摆动，使其产生动力。

第6周
第2级

技能发展

偏重身体一侧、运动技能、空间意识、运动设计

器材

- 跳房子游戏垫
- 活动学习卡片（配有图和大写字母）

活动

只用右脚从一侧单脚跳跃垫子两次（即每块正方形单脚跳跃两次）。每跳进一块正方形里时，说出那块正方形的卡片上显示的内容。用左脚重复这个活动。

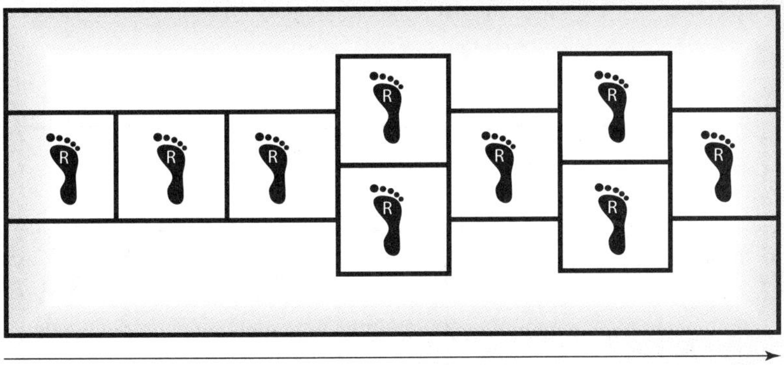

单脚在每块正方形里跳 2 次

技能检查

- 保证学生运用正确的单脚跳姿势：
  - 像一只钟摆一样摆动无重量支撑的腿，产生动力。
  - 脚落地时，把无重量支撑的那条腿的脚放在身后。
  - 弯曲双臂，向后摆动，使其产生动力。

第6周
第3级

技能发展

偏重身体一侧、动态平衡

器材

- 地板垫
- 墙垫
- 活动学习卡片（配有图和大写字母）

活动

- 地板垫：双脚站在一块正方形里，并把左手放在左膝盖上，右手放在右膝盖上。当缓慢地走过正方形时，要保持这个姿势——先向前走，然后，往回向起点走，往回走时重复这个活动。每次行走时，每只脚都要迈进属于自己的正方形里。当迈进每块正方形时，说出相对应的卡片显示的内容。

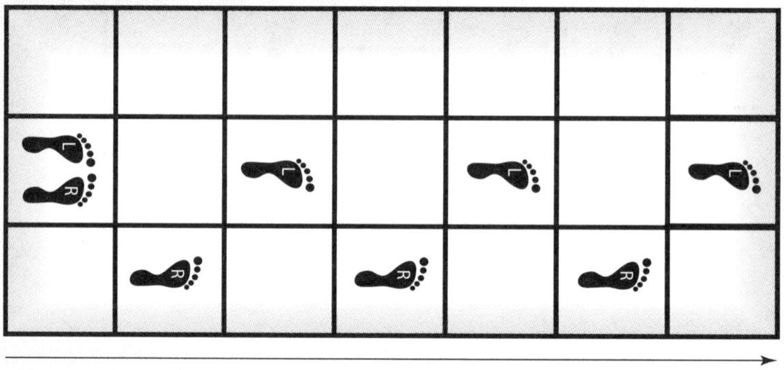

左手放在左膝上，右手放在右膝上

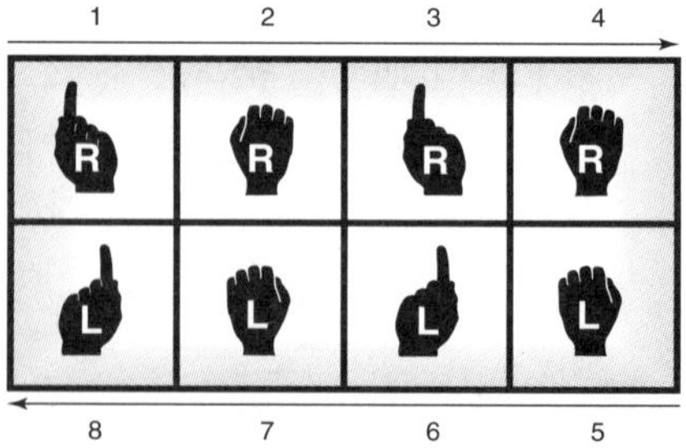

- 墙垫：从左上方的正方形开始，用一只手触摸最上面一行的每块正方形。当从一块正方形走到另一块正方形时，交替用示指和拳头触摸正方形。每次触摸一块正方形时，说出相应卡片显示的内容。当触摸到上面一行的最后一块正方形时，向下移动到垫子的右角底部，转换

手并以同样的方式往回触摸垫子。

技能检查

保证学生在穿越垫子时，他们的手是放在自己的膝盖上的，在触摸墙垫上的每块正方形时，他们的手是按照从拳头到示指的顺序交替进行的。

第6周
第4级

技能发展

空间意识、整体运动协调

器材

- 一个25.6英寸（直径约65厘米）的练习球
- 活动学习卡片（配有图和大写字母）
- 地板胶带

设置

把字母卡和图片并排贴在对面的墙上，学生将要把球向墙的方向滚动。图片卡上显示的名称应该以字母卡上显示的字母为开始。用地板胶带标注一条距离墙6英尺（约1.8米）长的线，这样学生就知道站在这里滚球。

活动

1. 用优势手把球向墙的方向滚动；保证在用手滚球时，相应的那只脚向前迈进一步（即右脚和右手或左脚和左手）。当球从墙上弹回来时，说出贴在墙上的卡片显示的字母。接住弹回来的球。
2. 用非优势手滚球。当球从墙上弹回来时，说出贴在墙上的卡片显示的图片。接住弹回来的球。重复步骤1和步骤2，直到音乐停止为止。

技能检查

- 保证学生运用正确的单侧滚球姿势：
  - 面对目标。
  - 把摆臂那一侧的脚向前迈进。
  - 用胳膊做一个摆动动作滚动球（像保龄球一样）。
  - 身体下蹲双膝弯曲，并贴着地面把球滚出去。
  - 随后滚动球的那只手划向天空或天花板。

第6周
第5级

技能发展

偏重身体一侧、运动设计、动态平衡

器材

- 阶梯垫
- 活动学习卡片（配有图和大写字母）

活动

右脚在前，行走在阶梯横档上。当走过一块正方形时，说出正方形的卡片显示的内容。当到达梯子的终点时，左脚在前，往回走过梯子。

向右走，然后往回向左后方走

技能检查

保证学生每次用相同的脚向前走过阶梯，并说出活动学习卡片上的内容。

第6周
第6级

技能发展

偏重身体一侧、眼 - 手协调

器材

魔术丝巾

活动

1. 用右手把丝巾抛向空中，然后，右手用狮爪抓握法抓住丝巾。当把丝巾抛出去时，说“向上扔”。当抓住丝巾时，说“向下抓”。
2. 用左手做同样的动作。重复步骤 1 和步骤 2，直到音乐停止为止。

技能检查

- 保证学生用同一只手投掷和抓握。
- 保证学生运用正确的狮爪抓握姿势：
  - 弯曲肘臂，手掌向外前方，把手伸到身体前面做准备。
  - 手掌心向下运动，抓住物体。
  - 只用手抓丝巾而不要用小腿或大腿。
  - 当做抓握动作时，眼睛要一直盯着丝巾。
- 强调安全：丝巾非常滑，很容易掉在地上。告诉学生不要把丝巾掉在地上。

第6周
第7级

技能发展

平衡

器材

直径 8.5 英寸（约 22 厘米）的运动球

活动

1. 把腹部贴在球上，尝试不触摸地板使自己保持平衡。
2. 把腹部贴在球上，抬起右胳膊和右腿，并尝试着使自己在球上保持平衡。
3. 把腹部贴在球上，抬起左胳膊和左腿，并尝试着使自己在球上保持平衡。

技能检查

学生在尝试着达到静态平衡。鼓励他们尽量保持静止状态。

第6周
第8级

技能发展

偏重身体一侧、动态平衡、方向性

器材

- 地板平衡木
- 一个直径28英寸（约0.7米）的呼啦圈
- 放呼啦圈的支架

设置

把呼啦圈放在架子上，然后把平衡木从呼啦圈里穿过去，这样使平衡木与呼啦圈成垂直状态。

活动

1. 站在平衡木的一侧，并向右滑行。滑出右脚，使两脚距离与肩同宽，然后，再滑出左脚跟上右脚。当穿过呼啦圈时，说“向下”。
2. 站在平衡木的一侧，并向左滑动，返回起点。滑出左脚，使两脚距离与肩同宽，然后，再滑出右脚跟上左脚。当穿过呼啦圈时，说“向下”。

技能检查

- 保证学生运用正确的滑行姿势：
  - 身体转向一侧（两肩与平衡木成一行，脚趾的指向与桁条垂直）。
  - 前脚向前行，然后，随后的那只脚滑过去跟上。
- 保证学生在运动中运用动态平衡保持平衡。由于要求举着豆子袋，所以他们需要协助。
- 学生应该在不摔倒或不依靠其他物体（如椅子或墙）的情况下顺利完成任务。

第 7 周
第 1 级

技能发展

运动技能、运动设计

器材

- 6 只锥筒
- 6 只锥筒轴环
- 活动学习卡片（配有图和大写字母）

设置

把 6 只锥筒摆成一条两两间隔大约 2 英尺（0.6 米）的直线。把匹配好的字母卡和图片交替放在每只锥筒上——例如，字母 A、苹果图、字母 B、球图。

活动

单脚从一只锥筒向另一只锥筒跳跃。在跳到每只锥筒时，说出显示在那只锥筒上的卡片的字母或图片。（此活动与第 5 周、第 6 周的第 1 级活动一样。）

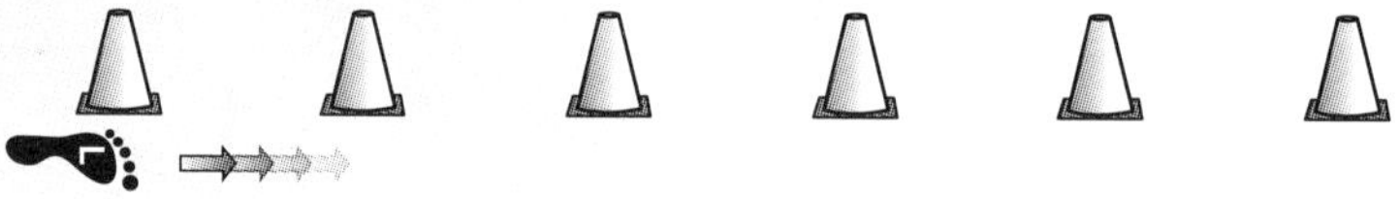

技能检查

- 保证学生运用正确的单脚跳姿势：
  - 像一只钟摆一样摆动无重量支撑的腿，产生动力。
  - 脚落地时，把无重量支撑的那条腿的脚放在身后。
  - 弯曲双臂，向后摆动，使其产生动力。

第7周
第2级

技能发展

偏重身体一侧、运动技能、运动设计、空间意识

器材

- 跳房子游戏垫
- 豆子袋
- 活动学习卡片（配有小写字母和拼字）

活动

用右脚单脚从一块正方形向另一块正方形跳跃。每跳到一块正方形上时，说出卡片上显示的内容。当跳到两块彼此相邻的正方形上时，双脚站立在各自的正方形里，并用右手把豆子袋向上投（用右手抓住）5 次。当右脚单脚跳过所有的垫子时，返回到起点，并用左脚重复这个动作。

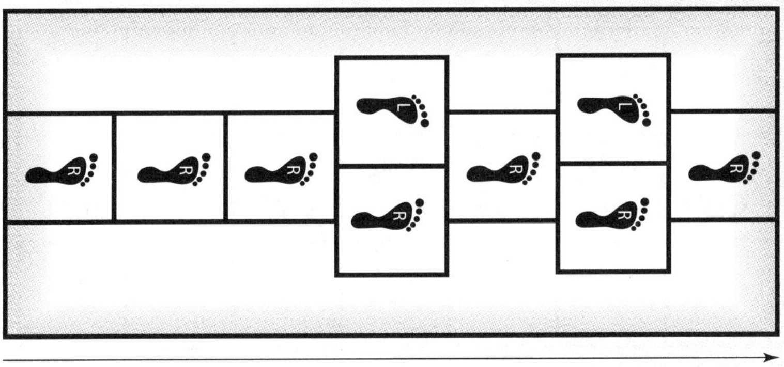

站在相邻的两块正方形上，用右手投、接豆子袋 5 次

技能检查

- 保证学生运用正确的手投掷和抓住。
- 保证学生运用正确的单脚跳姿势：
  - 像一只钟摆一样摆动无重量支撑的腿，产生动力。
  - 脚落地时，把无重量支撑的那条腿的脚放在身后。
  - 弯曲双臂，向后摆动，使其产生动力。

第7周
第3级

技能发展

偏重身体一侧、动态平衡

器材

- 地板垫
- 墙垫
- 魔术丝巾
- 活动学习卡片（配有小写字母和拼字）

活动

- 地板垫：向前走过垫子中央小路的每块正方形。当走到每块正方形里时，停下来投掷并接住魔术丝巾（第1块正方形向右投，第2块正方形向左投，依此类推）。当投掷并抓住丝巾时，说出所站在的那块正方形上的卡片显示的内容。

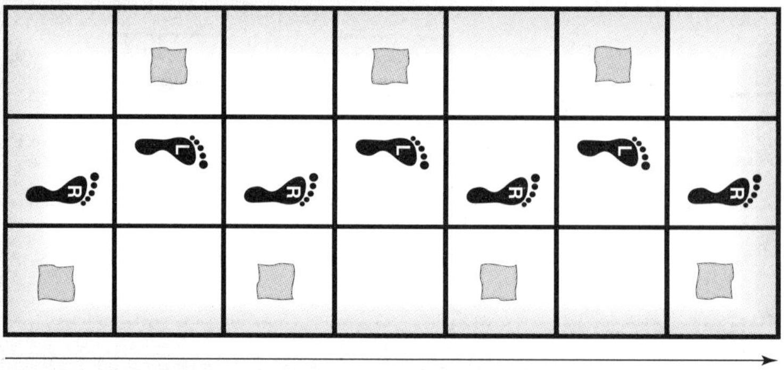

- 墙垫：用一只手投掷丝巾。把丝巾抛向空中时，用同一只手触摸垫子左上方顶部的正方形，然后，抓住丝巾（再用同一只手）。当投掷并接住丝巾时，说出当前正方形卡片上显示的内容。继续以这种方式触摸上面那行的垫子。当完成上面一行时，以同样的方式，用另一只手往回穿过垫子，并触摸底部一行的正方形。

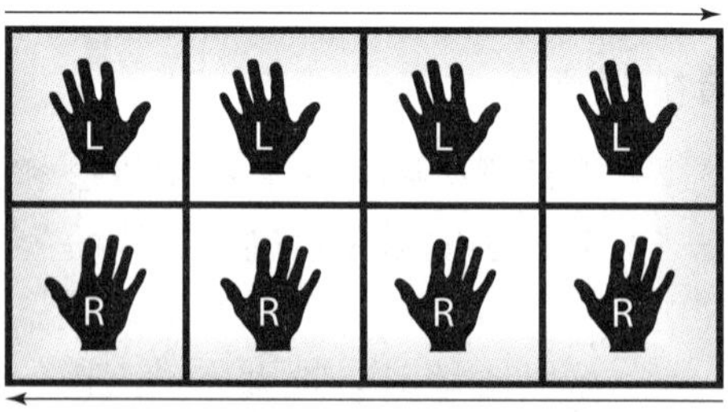

投丝巾，并触摸正方形

技能检查

- 鼓励学生大声说出显示在活动学习卡片上的内容。
- 保证学生用同一只手投掷并接住丝巾。
- 对于墙垫，保证学生用投掷手触摸垫子。
- 强调安全：丝巾非常滑很容易掉在地上，告诫学生注意不要把丝巾掉在地上。

第7周
第4级

技能发展

空间意识、整体运动协调

器材

- 一个直径25.6英寸（约65厘米）的练习球
- 地板胶

设置

用地板胶带标记一条离墙约6英尺（1.8米）的直线。

活动

1. 用优势手把球滚向墙的同时，相应的那只脚向前迈进，让球从墙上弹回。接住弹回来的球。
2. 用你的非优势手把球滚向墙的同时，相应的那只脚向前迈进，让球从墙上弹回，接住弹回来的球。重复步骤1和步骤2，直到音乐停止为止。

技能检查

- 保证学生运用正确的单侧滚动姿势：
  - 面对目标。
  - 把摆臂那一侧的脚向前迈向目标。
  - 双膝弯曲。
  - 随后滚球的那只手向天空或天花板上划过。

第7周
第5级

技能发展

偏重身体一侧、运动设计、动态平衡

器材

- 阶梯垫
- 聚酯纤维圆点
- 活动学习卡片（配有小写字母和拼字）

设置

每隔一块正方形阶梯垫放一个圆点，在其他正方形里放一张活动学习卡片。

活动

单脚从圆点上跳跃过去跳过正方形垫子，并跳到有活动学习卡片的正方形上。当落地时，说出卡片上显示的内容。当单脚跳完所有的垫子时，返回到起点，并用另一只脚重复这个动作。

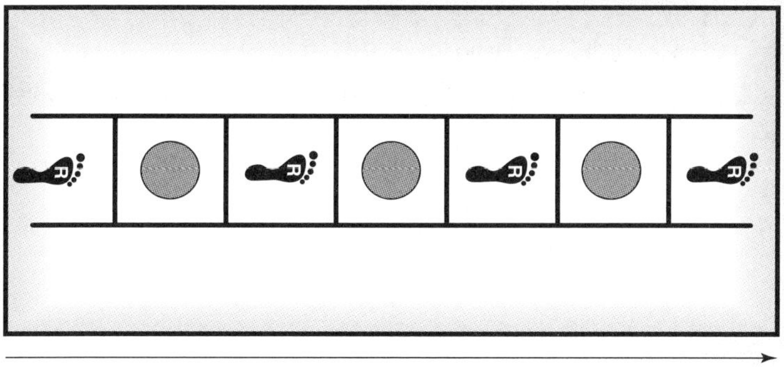

技能检查

- 保证学生用同一只脚起跳和落下。
- 保证学生运用正确的单脚跳姿势：
  - 像一只钟摆一样摆动无重量支撑的腿，产生动力。
  - 脚落地时，把无重量支撑的那条腿的脚放在身后。
  - 弯曲双臂，向后摆动，使其产生动力。

第7周
第6级

技能发展

眼 - 手协调、偏向一侧、操作技能、运动设计

器材

魔术丝巾

活动

1. 用右手把丝巾抛向空中，然后再用右手抓住它。当投掷并抓住丝巾时，说字母 ABC 或从 1 数到 10。用左手做同样的动作。
2. 用一只手把丝巾投向同伴，同伴用一只手（同一侧）做狮爪抓握丝巾。重复这一动作直到音乐停止为止。

技能检查

- 在第 1 步骤中，保证学生用同一只手投掷并抓握。
- 在两个步骤中，保证学生运用正确的狮爪抓握姿势：
  - 弯曲肘臂，手掌向外前方，把手伸到身体前面做准备。
  - 你的手掌心向下运动，抓住物体。
  - 只用手抓丝巾而不要用小腿或大腿。
  - 当做抓握动作时，眼睛要一直盯着丝巾。
- 强调安全：丝巾非常滑，很容易掉在地上，告诫学生不要把丝巾掉在地上。

第7周
第7级

技能发展

偏重身体一侧、空间意识、平衡性

器材

- 每个学生一个靶目标（如呼啦圈、筐、桶）
- 每个学生一个豆子袋
- 每个学生一个网球
- 地板胶带

设置

标注一条距离靶目标6英尺长（约1.8米）的直线。

活动

1. 用非优势手把豆子袋从头顶扔向靶目标。再用优势手重复这一动作。
2. 用非优势手把网球从头顶扔向对面的墙上，并用手接住球（反弹或不反弹）。用优势手重复这个动作。

技能检查

- 保证学生只用一只手。
- 保证学生运用正确的肩上传球姿势：
    - 投掷动作以投掷手的向下运动开始。
    - 臀部和肩部做旋转运动，以保证不投掷的那侧面向墙。
    - 身体重量移到与投掷手相对的、向前迈进的那只脚上。
    - 随后，球成对角地向着身体非优势侧上方投出。

第7周
第8级

技能发展

眼 - 手协调

器材

杯形接球器

活动

1. 用右手摆动球，并尝试着用杯形接球器接球。大声数出接球的次数。
2. 用左手重复这个动作。

（此活动与第 4 周的第 4 级一样）

技能检查

保证学生一次只用一只手，并保持他们数出接球的次数。

第8周
第1级

技能发展

运动技能、运动设计

器材

- 6只锥筒
- 6只锥筒轴环
- 活动学习卡片（配有图和大写字母）

设置

把6只锥筒摆成两两间隔大约4英尺（1.2米）的一条直线。把匹配好的字母卡和图片卡依次放在每只锥筒上面——例如字母A、苹果图、字母B、球图。

活动

单脚从一只锥筒向另一只锥筒跳跃。跳到每只锥筒时，说出显示在那只锥筒上的卡片的字母和图片。（此活动与第5周、第6周和第7周的第1级活动一样。）

技能检查

- 保证学生运用正确的单脚跳姿势：
  - 像一只钟摆一样摆动无重量支撑的腿，产生动力。
  - 脚落地时，把无重量支撑的那条腿的脚放在身后。
  - 弯曲双臂，向后摆动，使其产生动力。

第8周
第2级

技能发展

偏重身体一侧、运动技能、运动设计、空间意识

器材

- 跳房子游戏垫
- 豆子袋
- 活动学习卡片（配有大写字母和拼字）

活动

用左脚从一块正方形向另一块正方形跳跃。每跳到一块正方形里时，说出显示在卡片上的内容。当跳到相邻的两块正方形里时，两脚分别站在正方形上，并用左手向上投掷豆子袋（用左手接住袋子）5次。一旦单脚跳过垫子，返回到起点时，就用右脚和右手开始。（此活动与第7周的第2级活动一样。）

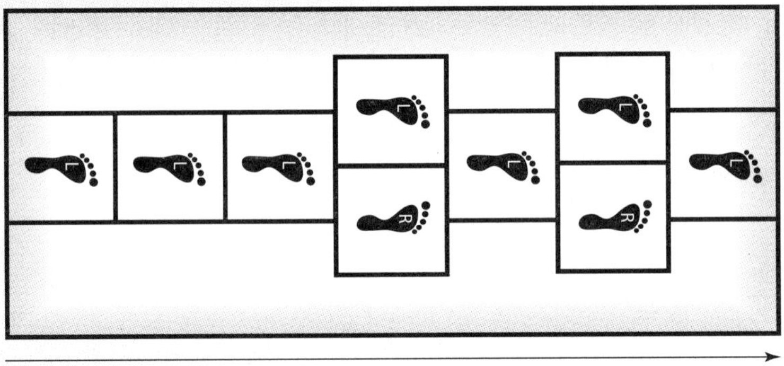

站在相邻的两块正方形上，用左手投掷，并接住豆子袋5次

技能检查

- 保证学生运用正确的手投掷和接住。
- 保证学生运用正确的单脚跳姿势：
  - 像一只钟摆一样摆动无重量支撑的腿，产生动力。
  - 脚落地时，把无重量支撑的那条腿的脚放在身后。
  - 弯曲双臂，向后摆动，使其产生动力。

第8周
第3级

技能发展

偏重身体一侧、动态平衡

器材

- 地板垫
- 墙垫
- 活动学习卡片（配有大写字母和拼字）

设置

给同伴们在每张正方形垫子的中间放一张卡片，大家一起说。

活动

- 地板垫：沿着垫子的一边从一块正方形走向一块正方形，同时另一个同伴沿着垫子的另一边做动作相同但方向相反的运动（彼此相对）。当走过正方形时，用一只手慢慢地把球往回滚动，而同伴则把球往前滚动（每块正方形滚动一次）。当走进每块正方形时，说出相应的卡片显示的内容。当达到垫子的终点时，返回到起点，并重复动作，直到音乐停止为止。

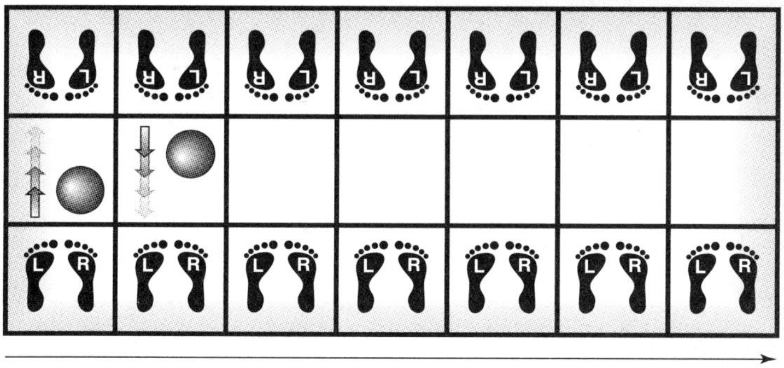

- 墙垫：以左上方的正方形墙垫开始，用肘部触摸顶行的每块正方形。当触摸每块正方形时，说出显示在那块正方形上的卡片的内容。当完成顶部那行时，移动到底部那行，换成用另一只肘部，并以同样的方式往回穿越触摸正方形垫子。

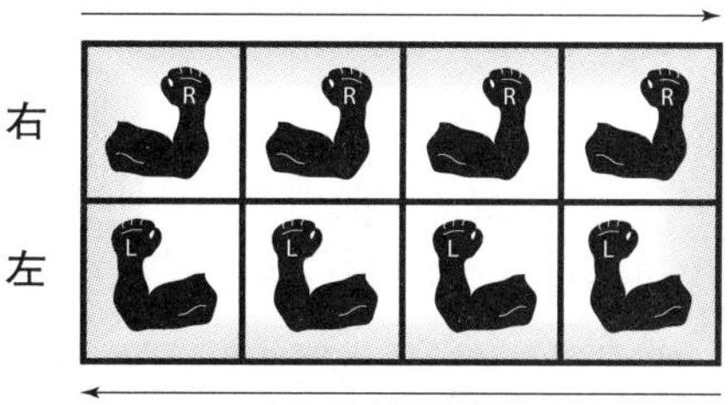

用肘关节触摸墙垫

第8周
第3级

技能检查

- 保证学生运用正确的单侧滚动姿势：
  - 面向你的目标。把你同侧的脚向前迈向目标（即如果用右手滚动球，那就右脚向前迈）。你的手臂做一个钟摆动作滚动球（像滚动保龄球一样）。
  - 双膝弯曲，把球贴近地面放出，完成滚球动作后，滚球的手向空中或天花板划动。

第8周
第4级

技能发展

偏重身体一侧、运动设计、整体运动协调

器材

- 每个学生一块跺脚板
- 每个学生一个豆子袋
- 短把球拍（如乒乓球拍）

活动

1. 右手拿着球拍，并用右脚踩跺脚板，把豆子袋弹向空中。用球拍击打豆子袋。取回豆子袋，并重复这个动作直到音乐停止为止。
2. 用左脚踩跺脚板，做相同的动作，并用左手拿球拍。

技能检查

- 警告学生既不能跑和跺，也不能跳和跺，因为车板很滑，可能会导致学生滑倒或摔下来。此外，跺脚不伴有跑或跳跃，这时更要控制运动。
- 保证学生用同侧身体跺脚和拿球拍（如跺右脚，右手拿球拍）。

第8周
第5级

技能发展

偏重身体一侧、动态平衡

器材

- 阶梯垫
- 活动学习卡片（配有大写字母和拼字）

活动

右脚在前，右手触摸右侧大腿，行走在阶梯横档上，快速越过正方形。当越过每块正方形时，说出那块正方形上的卡片上显示的内容。完成动作后，返回到起点，左脚在前，左手触摸左侧大腿，快速越过阶梯。

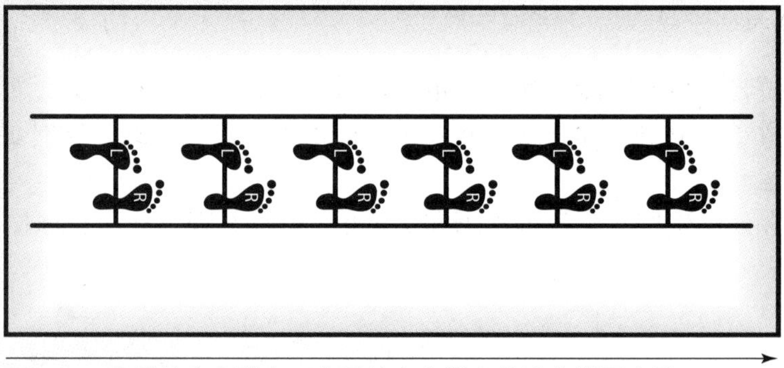

右手放在右腿上，左手放在左腿上快速穿越正方形

技能检查

- 保证学生运用正确的快速行走姿势：
  - 以双臂弯曲、放在腰部开始。
  - 把一只脚放在另一只脚前面作出开始姿势。一只脚向前走（这是引导脚），随后另一只脚跟上来或仅跟前脚的后面。
  - 接下来是一个重要时刻，这时双脚跳离地板。
  - 有节奏地运动双脚。

技能发展

眼 - 手协调、整体运动发展

器材

每个学生一个豆子袋

活动

1. 用右手（掌心向上）投掷并接住豆子袋5次。
2. 用左手（掌心向上）投掷并接住豆子袋5次。
3. 用右手（掌心向上）投掷豆子袋，并用右手（掌心向下）抓住豆子袋5次。
4. 用左手（掌心向上）投掷豆子袋，并用左手（掌心向下）抓住豆子袋5次。

技能检查

- 对于活动1和活动2部分（掌心向上），保证学生运用一只手进行鸟巢捕捉：
  - 肘关节弯曲，把捕捉的那只手伸到身体的前面做准备。
  - 当豆子袋接近时，掌心向上，伸手接住它。
  - 只用一只手接豆子袋而不要用胸部。
  - 当接豆子袋时，眼睛要一直盯着它。
- 对于活动3和活动4部分（掌心向下），保证学生运用狮子爪抓握动作：
  - 肘关节弯曲，掌心向外上方，把捕捉的那只手伸到身体前面做准备。
  - 手掌心朝下，向下运动，伸手抓住豆子袋。
  - 只用一只手抓豆子袋而不要依靠大腿或小腿。
  - 当抓豆子袋时，眼睛要一直盯着它。

第8周
第7级

技能发展

方向性、偏重身体一侧、动态平衡

器材

- 地板平衡木
- 一个直径 28 英寸（约 0.7 米）的呼啦圈
- 呼啦圈架子
- 2 只锥筒
- 2 个锥筒支撑的泡沫栏杆

设置

把呼啦圈放在呼啦圈架子上，平衡木穿过呼啦圈放好。然后，把栏杆越过平衡木放好。也可以选择在地板上放置一条胶带线代替地板平衡木。

活动

1. 站在平衡木的一侧，并沿着平衡木向右滑行。穿过放置在平衡木上的呼啦圈。向前跨过安置在平衡木上的栏杆。
2. 然后，返回到平衡木的起点，再重新开始。面向另一个方向，沿着平衡木向左滑行。

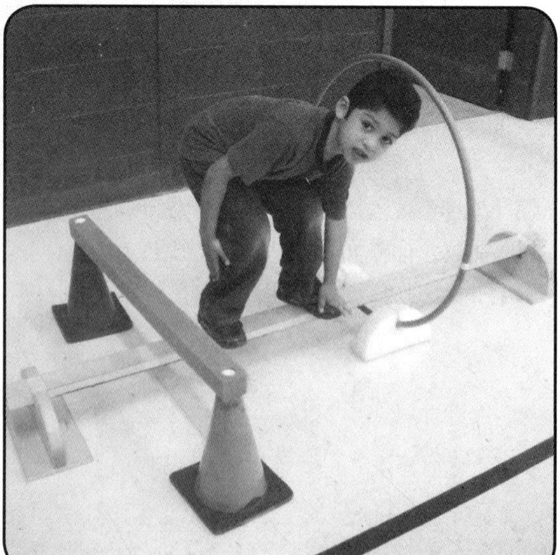

技能检查

- 保证学生运用正确的滑行姿势：
  - 身体转向一侧（两肩与平衡木平行，脚趾的指向与平衡木垂直）。
  - 前脚向前行，然后滑动后面的那只脚跟上。
- 保证学生在运动中运用动态平衡保持平衡。由于要求他们举着豆子袋，所以他们需要协助。
- 学生应该在不摔倒或不依靠其他的物品（如椅子或墙）的情况下顺利地完成任务。

第8周
第8级

技能发展

眼 - 手协调、整体运动发展

器材

- 每个学生一个豆子袋
- 每个学生一只木桶
- 地板胶带

设置

用地板胶带标记一条到目标长 6 英尺（约 1.8 米）的直线。

活动

1. 以手不过肩投掷方式用右手把豆子袋投到木桶里。保证投掷时，身体同侧的脚一定要向前迈。尝试 10 次，每次投掷都要大声报数。
2. 用左手和左脚重复这个动作。
3. 以手不过肩投掷方式用右手把豆子袋投到木桶里。投掷时，身体同侧的脚一定要向前迈。尝试 7 次，每次投掷时都大声说出一星期的某一天。
4. 用左手重复这个动作。

技能检查

- 保证学生投掷时，向前迈出同侧身体的那只脚，使身体另一侧独立。
- 保证学生运用正确的手不过肩投掷姿势：
  - 面向目标。向前迈出与投掷手同侧的那只脚。把手臂收回，然后向前摆动手臂，把球投进去。

4

横向交叉活动

横向交叉活动包括手、脚在身体的垂直中线做横向交叉动作。当儿童可以用他们的手和脚在身体的垂直中线做横向交叉动作时，这有助于他们在阅读期间把书从左侧翻到右侧的动作，以激活或重新建立大脑两个半球之间的联系。

按照下面的指导，选择适合每周的活动学习卡片：

第 1 周：颜色和形状
第 2 周：数字
第 3 周：小写字母
第 4 周：配有图和小写字母
第 5 周：大写字母
第 6 周：配有图和大写字母
第 7 周：配有小写字母和拼字
第 8 周：配有大写字母和拼字

尽管这些活动类型会给你一些可遵循的、一般性指导，但是，一些具体的活动可能会比这里描述的活动更能唤起你对某个不同类型的活动的记忆。

横向交叉活动

第 1 周
第 1 级

技能发展

运动技能、运动设计、空间意识

器材

- 6 只锥筒
- 活动学习卡片（不同的颜色和形状）

设置

把 6 只锥筒两两间隔 4 英尺（约 1.2 米）摆成一条直线。

活动

从一只锥筒爬向另一只锥筒。沿途触摸每只锥筒，并说出显示在那只锥筒卡片上的字母或形状。

技能检查

- 保证学生运用正确的爬行姿势：
  - 抬起身体，用手和膝盖支撑身体的重量，而不让腹部接触地面。
  - 连续运动，不能停止。
  - 右手和左膝（或左手和右膝）应该同时向前运动。

第1周
第2级

技能发展

偏重身体一侧、运动技能、运动设计

器材

- 跳房子游戏垫
- 豆子袋
- 活动学习卡片（不同的颜色和形状）

活动

左脚单脚从一块正方形向另一块正方形跳跃，同时右手拿着豆子袋。跳到每块正方形时，说出显示在那块正方形上的卡片的内容。

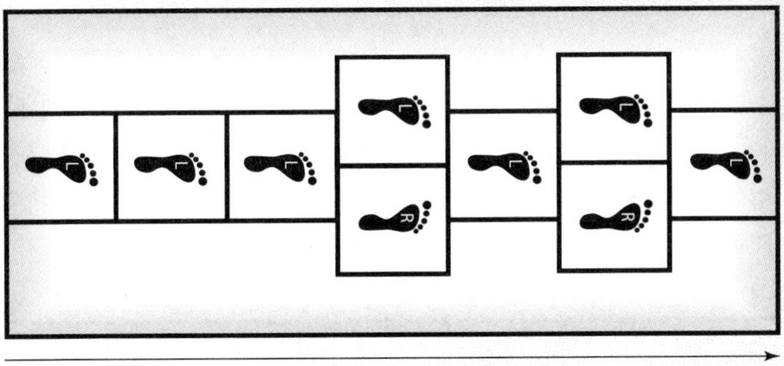

左脚单脚跳；右手拿豆子袋

技能检查

- 保证学生运用正确的单脚跳姿势：
  - 像一只钟摆一样摆动无重量支撑的腿，产生动力。
  - 脚落地时，把无重量支撑的那条腿的脚放在身后。
  - 弯曲双臂，向后摆动，使其产生动力。

横向交叉活动

第 1 周
第 3 级

技能发展

偏重身体一侧、运动设计、整体运动协调

器材

- 地板垫
- 墙垫
- 活动学习卡片（不同的颜色和形状）

设置

假如做了两套卡片，可以在成对的正方形里使用相同的卡片。假如只有一副卡片，就把不同的卡片放在每块正方形里。

活动

- 地板垫：双脚站在中间的第一块正方形开始，以双脚交叉的形式向前走，从一块正方形走向另一块正方形。右脚向前走到下一块正方形的左侧。而左脚向前走到下一块正方形的右侧。以这种行走方式一直走到垫子的终点。走每一步时，要说出显示在那块正方形上的卡片的内容。

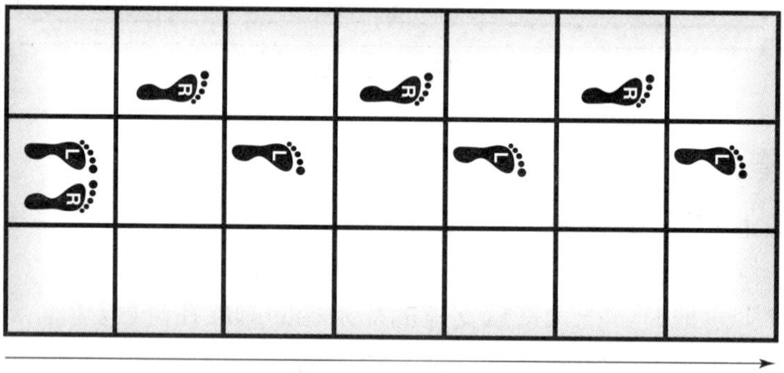

- 墙垫：从左角顶部的垫子开始。伸出双臂并在胸前交叉，触摸墙垫上的每组正方形（每只手放在属于它自己的正方形里）。右手应该放在每组左边的那块正方形里，而左手应该

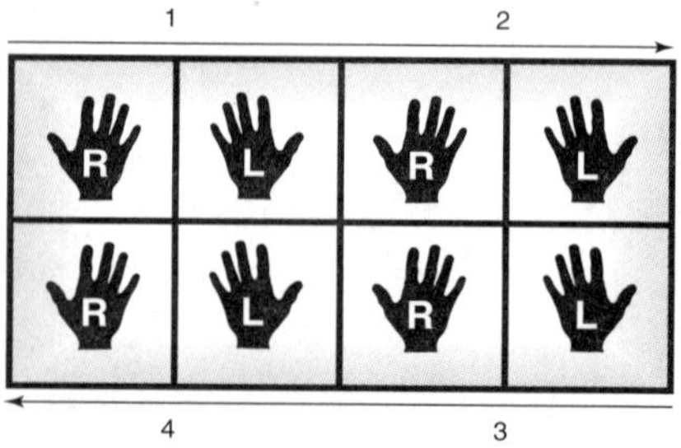

放在每组右边的那块正方形里。每次触摸时，都要说出触摸的那块正方形上的卡片上显示的内容。从左向右穿过最上面那行的正方形，然后继续从右向左运动到最底部那行的正方形。

技能检查

- 鼓励学生大声说出显示在形状卡片上的内容。
- 鼓励学生查看脚的位置。左脚应该放在身体中线的右侧，而右脚应该放在身体中线的左侧。

横向交叉活动

第1周
第4级

技能发展

横向交叉意识、整体运动设计

器材

- 翻跟头垫
- 活动学习卡片（不同的颜色和形状）

设置

把5张卡片放在翻跟头垫旁边的地上。

活动

以腹式爬行的方式，爬行垫子的一段距离。当经过垫子旁边的每张卡片时，说出卡片上显示的颜色和形状。

技能检查

- 保证学生运用正确的腹式爬行姿势：
  - 把腹部贴在地板上。
  - 不停地运动。
  - 右手和左膝（和左手和右膝）应该同时向前运动。

第1周
第5级

技能发展

动态平衡、运动设计、整体运动协调

器材

- 阶梯垫
- 活动学习卡片（不同的颜色和形状）

活动

行走在阶梯垫上，在每条横线上行走时要强调摆动相对应的胳膊：摆动左臂的同时往前迈右腿，而摆动右臂时，往前迈左腿。当走过每块正方形时，说出显示在那块正方形上面的卡片的内容。

技能检查

- 鼓励学生大声说出每张卡片上显示的颜色和形状。
- 观察出现的平衡问题，并随时提供支持（帮助需要依靠的学生）。
  - 保证学生在运动中运用动态平衡保持平衡。
  - 学生应该不摔倒或不依靠其他物体（如椅子或墙）而顺利地完成任务。
- 保证学生运用正确的行走姿势：
  - 保持身体垂直站好。
  - 应该能从耳朵到肩膀划一条直线。
  - 使髋关节、膝盖和踝关节成一行。
  - 头抬起，往前看，下颚应该与地面保持平行。
  - 两肩放松，手臂弯曲。
  - 摆动双臂，与双脚动作协调。
  - 从头走到尾。

横向交叉活动

第 1 周
第 6 级

技能发展

偏重身体一侧、运动设计、整体运动协调

器材

- 7 个不同颜色的聚酯纤维圆点
- 活动学习卡片（不同的颜色和形状）

设置

按照学生的选择方式摆放圆点，保证圆点之间间隔 2 英尺（大约半米）。每个圆点旁边摆一张活动学习卡片。

活动

左、右脚交替从一个一个圆点上跳跃过去。摆动和脚相对应的胳膊：当左脚向前跳跃时，右臂向前摆动。当右脚向前跳跃时，左臂向前摆动。跳过每个圆点时，说出圆点旁边卡片上显示的颜色和形状，以及圆点的颜色和形状。

技能检查

- 保证学生运用正确的跳跃姿势：
  - 跳跃前要连续运动不能犹豫。
  - 一只脚跳起，另一只脚落下。
  - 每一次跳跃期间，做一个长冲刺，双脚离地。
  - 每次跳跃时，要把与前面（跳跃）的那只脚相对应的胳膊伸到身体前。

第1周
第7级

技能发展

行走、动态平衡、葡萄藤式的交叉步

器材

地板平衡木

活动

1. 当站在地板平衡木上往前走时，边走边说出字母。
2. 当站在平衡木上往回走到起点时，边走边说出字母。
3. 当沿着平衡木一侧做葡萄藤交叉步往回走到起点时，边走边说出字母。

技能检查

- 观察出现的平衡问题，并随时提供支持（帮助需要依靠的学生）。如果学生走地板平衡木有困难，那么他们可以在地板的胶带线上行走。
  - 保证学生在运动中运用动态平衡保持平衡。
  - 学生应该在不摔倒或不依靠物品（如椅子或墙）的情况下而顺利地完成任务。
- 保证学生运用正确的葡萄藤交叉步行走姿势：
  - 向右运动时，右脚要先向前迈。
  - 接着左脚向前行，与右脚交叉。
  - 然后，右脚再次退出。
  - 随后左脚运动到右脚的后面。
  - 以这种方式继续运动。

横向交叉活动

第 1 周
第 8 级

技能发展

横向交叉意识、动态平衡

器材

- 跳跃垫
- 活动学习卡片（不同的颜色和形状）
- 地板胶带

活动

以垫子的一条 10 英尺（3 米）长的直线为起跑点，并从垫子上跳跃过去。以窄的一端开始，并以这种运动方式向宽的一端运动。强调运用正确的跳跃姿势。当落地时，说出跳过的那部分垫子上的卡片上显示的内容。

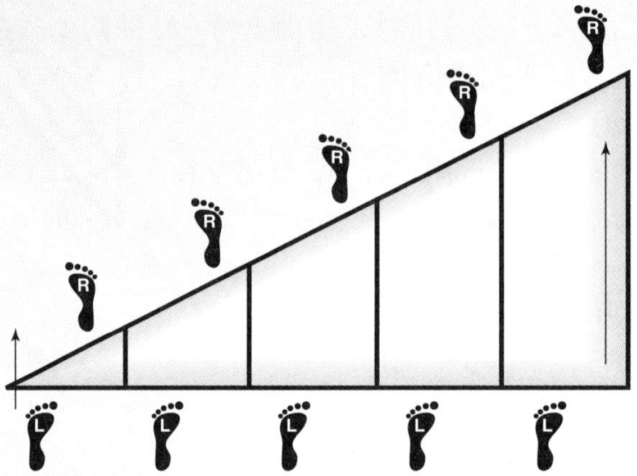

技能检查

- 保证学生运用正确的跳跃姿势：
  - 跳跃前要连续运动，不能犹豫。
  - 一只脚跳起，另一只脚落下。
  - 每一次跳跃期间，做一个长冲刺，双脚离地。
  - 每次跳跃时，要把与前面（跳跃）的那只脚相对应的胳膊伸到身体前面。

第2周
第1级

技能发展

运动技能、运动设计、空间意识

器材

- 6 只锥筒
- 活动学习卡片（不同的数字）

设置

把 6 只锥筒两两间隔 4 英尺（约 1.2 米）摆成一条直线。

活动

从一只锥筒爬向另一只锥筒。沿路触摸每只锥筒，并说出显示在那只锥筒的卡片上的数字。（除了使用不同的活动学习卡片之外，此活动和第 1 周的第 1 级活动内容一样。）

技能检查

- 保证学生运用正确的爬行姿势：
  - 把身体抬起来，并用双手和两膝盖支撑体重而不让腹部接触地板。
  - 不停地运动。
  - 右手和左膝（或左手和右膝）应该同时向前运动。
- 保证学生正确地认出卡片上的数字。

横向交叉活动

第2周
第2级

技能发展

偏重身体一侧、运动技能、运动设计

器材

- 跳房子游戏垫
- 豆子袋
- 活动学习卡片（不同的数字）

活动

右脚单脚从一块正方形向另一块正方形跳跃，同时左手提着豆子袋。当跳到每块正方形上时，说出显示在那块正方形上的卡片的内容。（此活动除了用另一只脚外，其他的内容跟第1周的第2级相同。）

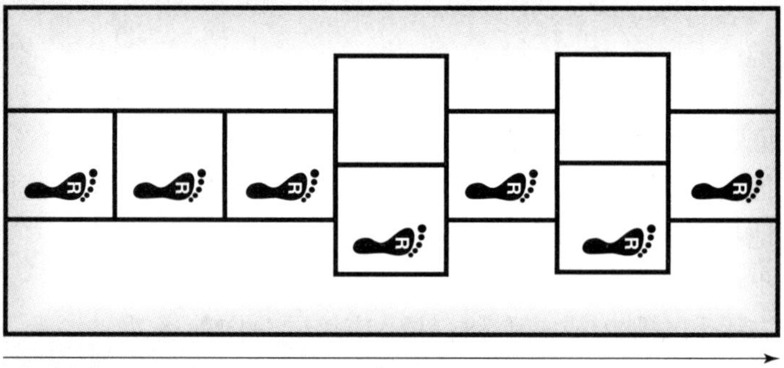

技能检查

- 保证学生运用正确的单脚跳姿势：
  - 像一只钟摆一样摆动无重量支撑的腿，产生动力。
  - 脚落地时，把无重量支撑的那条腿的脚放在身后。
  - 弯曲双臂，向后摆动，使其产生动力。

第2周
第3级

技能发展

偏重身体一侧、运动设计、整体运动协调

器材

- 地板垫
- 墙垫
- 一组豆子袋（4种不同颜色的豆子袋与活动学习卡片相匹配）
- 活动学习卡片（数字）

设置

把豆子袋放在锥筒旁边的位置上（每个学生4个豆子袋）

活动

- 地板垫：与同伴并排，手拉手站在垫子上。与同伴向前跳到一块正方形上，在空中做1/4转动，面对面、手拉手地落地。与同伴继续跳到下一块正方形里，在空中再做1/4转动（转回到另一个位置上），面向前方落地，只拉着一只手。继续以这种方式向垫子的终点跳跃。每跳进一块正方形里时，说出那块正方形上的卡片上显示的内容。

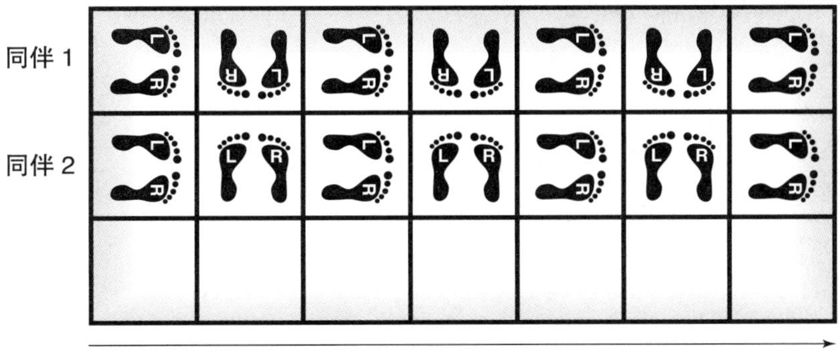

- 墙垫：拿起一个豆子袋，并触摸垫子上与它的颜色相匹配的卡片。当触摸卡片时，说出卡片上显示的内容。每个豆子袋每次都以这种方式进行。

第2周
第3级

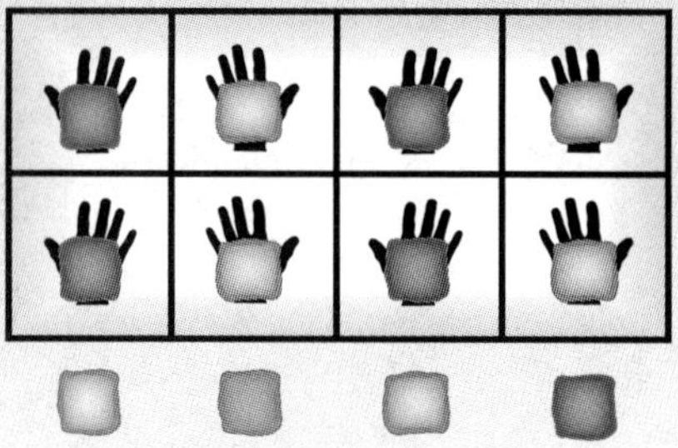

技能检查

- 鼓励学生大声说出数字和颜色。
- 鼓励学生按照地板垫上显示的图摆好脚的位置。
- 提醒学生重点是运用正确的立定跳远姿势：
  - 起跳前弯曲双膝，双臂向身体后伸展。
  - 起跳时，使劲向前上方用力甩双臂（高过头顶）。
  - 双脚同时起跳并落地。
  - 双臂向下运动并落下。

技能发展

单侧交叉、方向性、平衡性、眼 - 手协调

器材

- 直径 8.5 英寸（约 22 厘米）的运动球
- 地板胶带

设置

用地板胶带标记一条 8 英尺（约 2.4 米）长的直线。

活动

手托球，做交叉步向前行走在地板线上：你右脚的每一步都要放在线的左侧；而左脚的每一步都要放在线的右侧。继续以这种方式走到线的终点。每走完一步，都用任意一只手拍球。

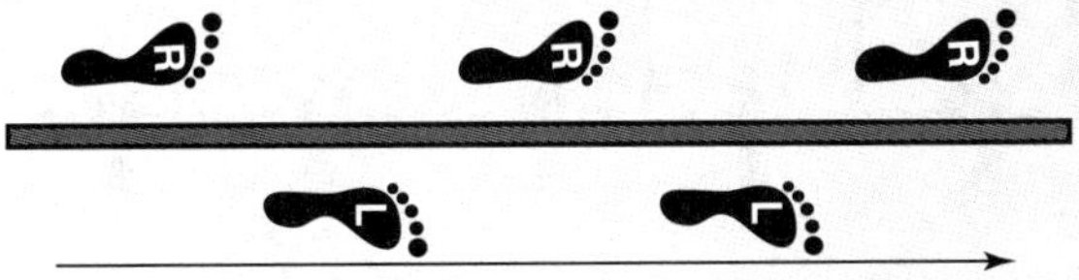

技能检查

- 保证学生运用正确的运球姿势：
  - 保持眼睛注视。
  - 用指腹而不是指尖。
  - 在身体一侧运球，位置水平或低于腕部。
  - 把右脚放在左脚的后面，留出“脚空”，在“脚空”处运球（或如果用左手运球，则反之）
- 保证学生运用正确的交叉步姿势：
  - 每一步必须是右脚走在线的左侧，而左脚走在线的右侧。

横向交叉活动

第2周
第5级

技能发展

偏重身体一侧、运动设计、动态平衡

器材

- 阶梯垫
- 活动学习卡片（数字）

活动

沿着梯子右侧做葡萄藤交叉步向前走。当走过梯子的每块正方形时，说出显示在正方形上面的卡片的内容。

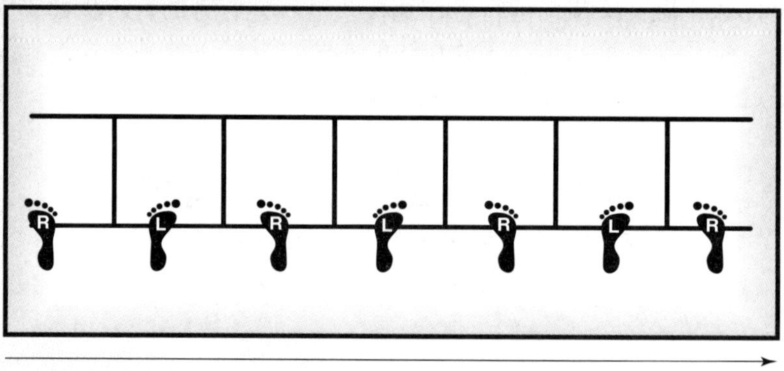

技能检查

- 保证学生的身体侧转，使肩膀与地面的梯子成一条直线。
- 保证学生运用正确的交叉步行走姿势：
  - 向右运动时，右脚先向前迈。
  - 接着左脚向前行，并与右脚交叉。
  - 然后，右脚再次退出。
  - 随后左脚运动到右脚的后面。
  - 以这种方式继续运动。

第2周
第6级

技能发展

眼 - 手协调、整体运动发展

器材

- 每个学生一块踩脚车板
- 每个学生一个豆子袋

活动

1. 右脚踩在车板上把豆子袋弹向空中，用左手接住豆子袋。做 10 次，每做一次都要大声报出次数。
2. 这次用左脚踩车板，右手接袋子，重复这个动作。
3. 右脚踩车板把豆子袋弹向空中。同时击掌一次，然后用左手接住袋子。此动作做 10 次，并大声报出次数。
4. 这次用左脚踩车板，右手接袋子，重复这个动作。

技能检查

- 保证学生运用正确的交叉踩踏姿势：
  - 双脚面向车板稍微分开，但彼此紧挨着。
  - 以最小的力度快速走到踩脚车板上（不要太重）。
  - 如果用右脚踩踩脚车板，那就用左手接袋子；如果用左脚踩车板，就用右手接袋子。
- 保证学生运用正确的接球姿势：
  - 肘关节弯曲，把手伸到身体前做准备。
  - 当物体接近时，靠近它。
  - 用一只手接住物体而不依靠胸部。
  - 当物体落下时，把手伸出去接住物体（把物体拿到身体前）。
  - 眼睛要一直盯着物体。

第2周
第7级

技能发展

动态平衡、空间意识

器材

- 地板平衡木
- 呼啦圈架子
- 两只带栏杆的锥筒

活动

从平衡木的一端向前走到另一端。沿途跨过栏杆，穿过呼啦圈。

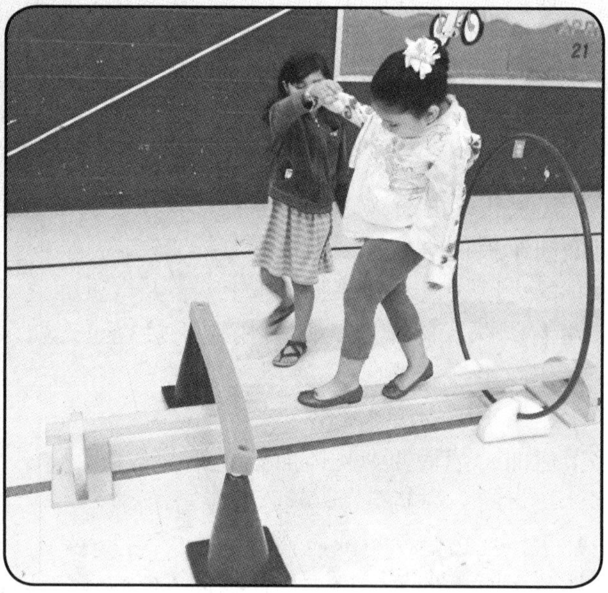

技能检查

- 查看出现的平衡问题，并随时提供支持（为学生提供可靠的帮助）。如果学生在地板平衡木上行走有困难，那他们可以在地板胶带线上行走。
- 保证学生在运动中运用动态平衡保持平衡。
- 学生应该在不摔倒或依靠其他物品（如椅子或墙）的情况下顺利地完成任务。

第2周
第8级

技能发展

单侧交叉意识、动态平衡

器材

- 跳跃用的垫子
- 活动学习卡片（数字）
- 地板胶带

活动

以垫子的一条10英尺（3米）长的直线为起跑点，并从垫子上跳跃过去。从窄的一端开始，并以这种运动方式向宽的一端运动。强调运用正确的跳跃姿势。当落地时，说出所跳过的那段垫子上的卡片显示的内容。（此活动除了使用不同的活动学习卡片之外，其他的内容同第1周的第8级相同。）

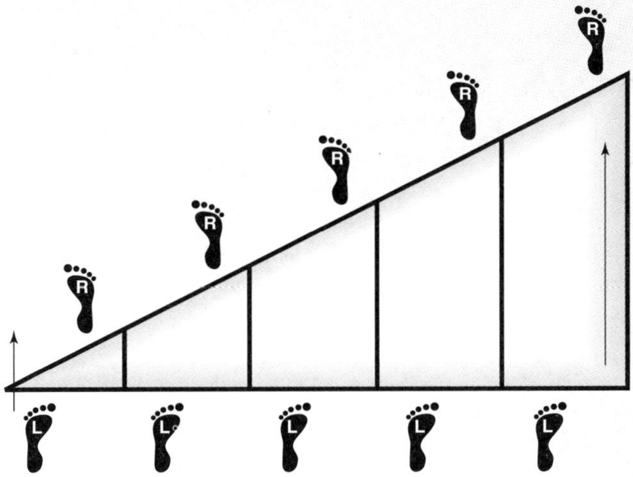

技能检查

- 保证学生运用正确的跳跃姿势：
  - 跳跃前要毫不犹豫地连续运动。
  - 一只脚跳起，另一只脚落下。
  - 每一次跳跃期间，做一个长冲刺，双脚离地。
  - 每次跳跃时，把与前面（跳跃）的那只脚相对应的胳膊伸到身体前面。

横向交叉活动

第 3 周
第 1 级

技能发展

运动技能、运动设计、空间意识

器材

- 6 只锥筒
- 活动学习卡片（小写字母）

设置

把 6 只锥筒两两间隔 4 英尺（1.2 米）摆成一条直线。

活动

从一只锥筒爬向另一只锥筒。沿途触摸每只锥筒，并说出那只锥筒卡片上显示的数字。（此活动除了使用不同的活动学习卡片之外，内容同第 1 周的第 1 级相同。）

技能检查

- 保证学生运用正确的爬行姿势：
  - 把身体抬起来，并用双手和两膝盖支撑体重而不让腹部接触地板。
  - 不停地运动。
  - 右手和左膝（和左手和右膝）应该同时向前运动。

第3周
第2级

技能发展

偏重身体一侧、运动技能、运动设计

器材

- 跳房子游戏垫
- 活动学习卡片（小写字母）

活动

做高抬腿动作，从一块正方形走向另一块正方形，说出所走进的每块正方形卡片上显示的内容。当左脚前行时，右手放在左膝盖上；当右脚前行时，左手放在右膝盖上。当走到并排的两块正方形里时，双脚交叉（右脚迈进左边的正方形，而左脚迈进右边的正方形）。

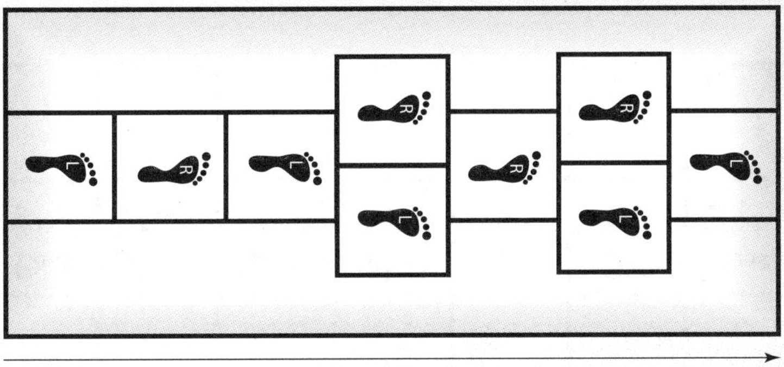

用相对应的那只手触摸膝盖

技能检查

保证学生双脚摆放的位置，以及双脚交叉在并排的两块正方形上的位置如图显示的一样。

横向交叉活动

第3周
第3级

技能发展

偏重身体一侧、运动设计、整体运动协调

器材

- 地板垫
- 墙垫
- 活动学习卡片（小写字母）

活动

- 地板垫：两腿交叉，同时两脚并排站在中间的第1块正方形上开始。向前跳跃，在跳到下一块正方形之前，两腿分开再向前跳跃。在跳到下一块正方形之前，两腿再次交叉、落地。以这种方式跳过所有正方形，当跳到每块正方形上时，说出显示在每块正方形上的卡片的内容。

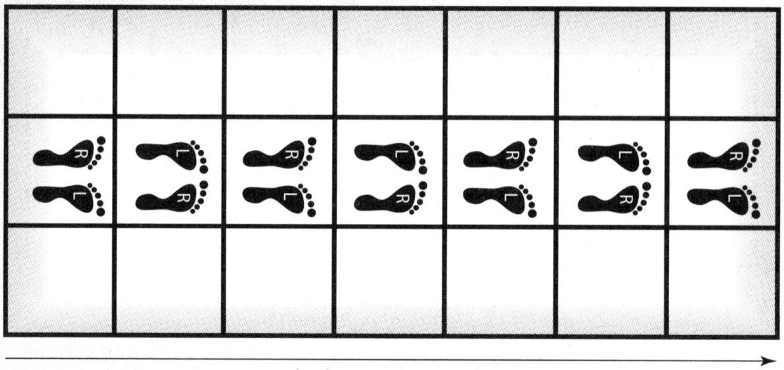

每次跳跃交叉双脚

- 墙垫：在这个活动中，使用中间的4块正方形垫子。站在墙垫的前面。拍一次手，并用右手触摸中间4块正方形左侧的上部，同时说出显示在那块正方形上面的卡片的内容。再次拍手，并用左手触摸中间4块正方形右侧的上部，同时说出显示在那块正方形上面的卡片的内容。再次击掌，并用右手触摸中间4块正方形左侧的底部，同时说出显示在卡片上的内容。再击掌，并用左手触摸中间4块正方形右侧的底部，同时说出卡片上显示的内容。

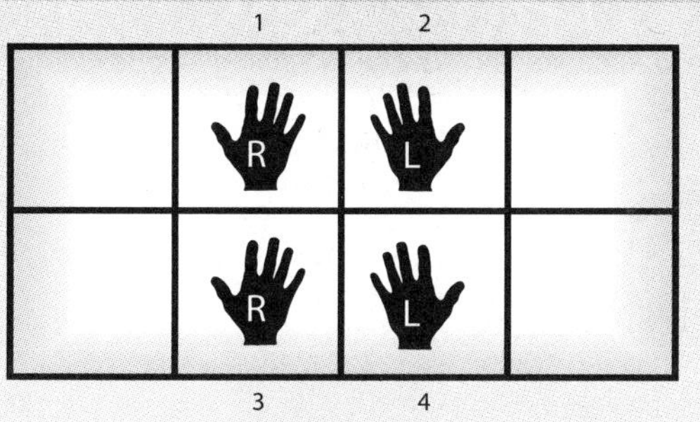

击掌和触摸

技能检查

- 鼓励学生大声说出每张卡片上显示的字母。
- 鼓励学生注意他们脚的位置。保证当指示要求他们双腿交叉时要交叉，要求他们双腿分开时要分开。

第3周
第4级

技能发展

横向交叉意识

器材

- 直径 8.5 英寸（约 22 厘米）运动球
- 泡沫塑料砖
- 2 只锥筒
- 地板胶带

设置

把 2 只锥筒安放在间隔 5 英尺（约 1.5 米）的位置上。用地板胶带标记一条 10 英尺（约 3 米）长的直线，学生将从线的一端把球踢出。

活动

开一条 10 英尺（3 米）长的通路，快速向球的方向奔跑，并用右脚把球踢到锥筒之间的塑料砖上。当用右脚踢球时，左臂向前伸。用左脚和右臂重复这个动作。每次连续重复 5 次。

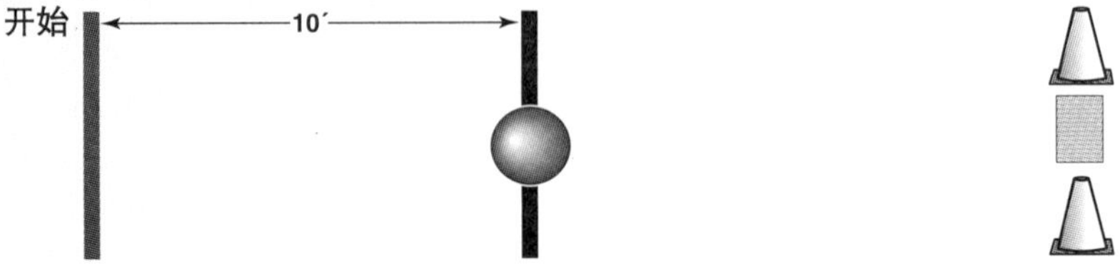

技能检查

- 保证学生运用正确的踢球姿势：
  - 快速、不间断地向球接近。
  - 把球踢出去之前，做一个长冲刺。
  - 把不踢球的那只脚稍微放在球的后面。
  - 用踢球的那只脚的脚背或脚尖踢球。
  - 随后放下踢球的那只脚完成动作。

第3周
第5级

技能发展

偏重身体一侧、运动技能、运动设计

器材

- 阶梯垫
- 活动学习卡片（小写字母）

活动

走过每条横线。行走时，用相对应的那只手触摸行走的那只脚的后跟（即左手摸右脚后跟，右手摸左脚后跟）。沿途说出经过的每块正方形上面的卡片上显示的内容。

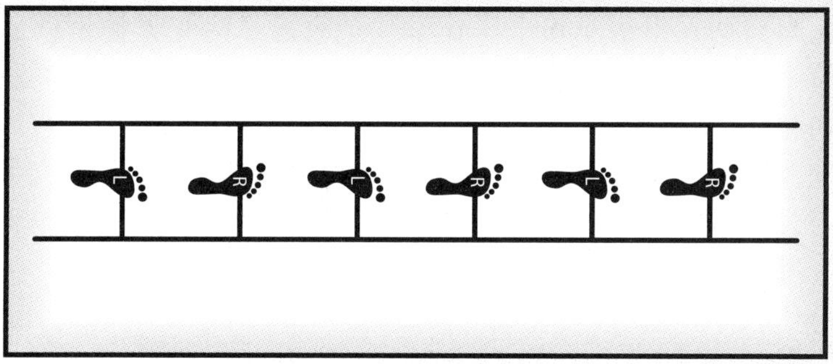

用相对应的那只手触摸脚后跟

技能检查

- 保证学生大声说出卡片上显示的内容。
- 保证学生运用正确的行走姿势：
  - 保持身体垂直站好。
  - 应该能从耳朵到肩膀划一条直线。
  - 使髋关节、膝盖和踝关节成一行。
  - 头抬起，往前看，下颚应该与地面保持平行。
  - 两肩放松，手臂弯曲。
  - 摆动双臂，与双脚动作协调。
  - 从头走到尾。

第3周
第6级

技能发展

偏重身体一侧、运动设计、整体运动协调

器材

- 每个儿童一块单脚滑行车车板
- 活动学习卡片（小写字母）
- 4只锥筒

设置

把2只锥筒间隔2英尺（大约半米）摆成一条直线。

活动

1. 把腹部贴在滑板车板上，让学生把自己从一只锥筒推向另一只锥筒。两侧交替向前推——先用右腿和左手，然后再用左腿和右手，如此这样。当经过每只锥筒时，说出显示在卡片上的内容。
2. 坐在滑板车板上，并让学生用双脚把自己从一只锥筒推向另一只锥筒。两侧交替向前推，先用右脚，然后再用左脚，如此这样。当经过每只锥筒时，说出显示在卡片上的内容。

技能检查

- 安全地压在滑板上（如绝不站在车板上，手放在两侧，头发和衣服远离车轮）。
- 注意横向交叉运动（即用左腿时使用右手，而用右腿时使用左手）。
- 保证学生在运动中经过每只锥筒时大声说出卡片上显示的内容。

第3周
第7级

技能发展

偏重身体一侧、运动设计、整体运动协调

器材

- 4只基本颜色的木桶（红、黄、蓝、绿）
- 4只基本颜色的豆子袋（红、黄、蓝、绿）

活动

从一只豆子袋爬向一只豆子袋，并把每只豆子袋放在与之颜色相同的木桶里。用最靠近豆子袋的那只手把它从地板上拿起来，还是用这只手把豆子袋放进木桶里——不要换手！

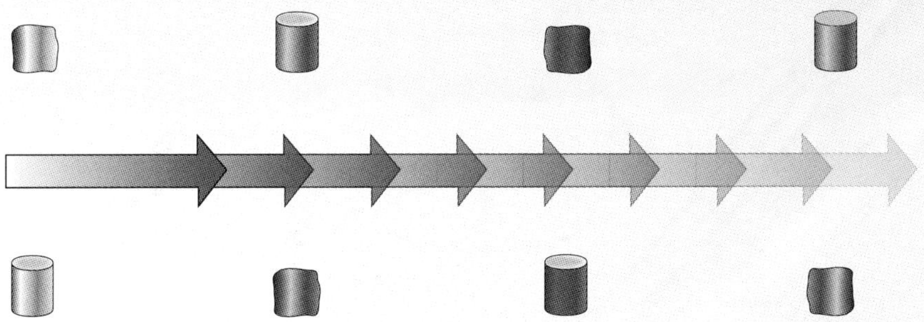

技能检查

- 保证学生在把豆子袋放进木桶之前不要换手。
- 保证学生运用正确的爬行姿势：
  - 把身体抬起来，并用双手和两膝盖支撑体重而不让腹部接触地板。
  - 不停地运动。
  - 右手和左膝（或左手和右膝）应该同时向前运动。

第3周
第8级

技能发展

横向交叉意识、动态平衡

器材

- 跳跃垫
- 地板胶带
- 活动学习卡片（小写字母）

活动

以垫子的一条10英尺（3米）长的直线为起点，并从垫子上跳跃过去。以窄的一端开始，并以这种运动方式向宽的一端运动。强调运用正确的跳跃姿势。当落地时，说出所跳过的那部分垫子上的卡片显示的内容。（此活动除了使用不同的活动学习卡片之外，其他的内容同第1周、第2周的第8级一样。）

技能检查

- 保证学生运用正确的跳跃姿势：
  - 跳跃前要毫不犹豫地连续运动。
  - 一只脚跳起，另一只脚落下。
  - 每一次跳跃期间，做一个长冲刺，双脚离地。
  - 每次跳跃时，把与前面（跳跃）的那只脚相对应的胳膊伸到身体前面。

第4周
第1级

技能发展

运动技能、运动设计、空间意识

器材

- 6只锥筒
- 活动学习卡片（大写字母）

设置

把锥筒两两间隔4英尺（约1.2米）分开摆放。

活动

以交叉步的形式从一只锥筒走向另一只锥筒。沿途触摸每只锥筒，并说出显示在每只锥筒上面的卡片的字母。

第4周
第1级

技能检查

- 保证学生运用正确的交叉步行走姿势：
  - 向右运动时，右脚先向前迈。
  - 接着左脚向前，并与右脚交叉。
  - 然后，右脚再次退出。
  - 随后左脚移到到右脚的后面。
  - 继续以这种方式运动。

技能发展

偏重身体一侧、运动技能、运动设计

器材

- 跳房子游戏垫
- 直径 8.5 英寸（约 22 厘米）的运动球
- 活动学习卡片（配有图和小写字母）

活动

走进第 1 块正方形里，然后用左手在身体的右侧拍球。拍球的同时说出踩在的那块正方形上面的卡片上显示的内容。走到下一块正方形里，用右手在你身体的左侧拍球，并说出当前卡片上显示的内容。走到相邻的两块正方形时，用左手在右侧拍球，右手在左侧拍球，并说出显示在每张卡片上的内容。

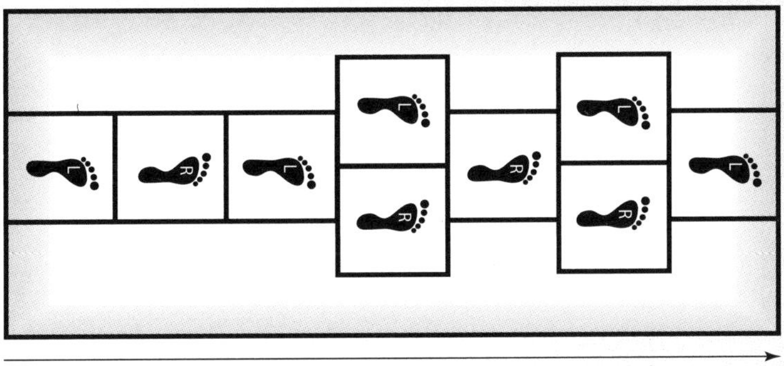

把左手放在右边拍球，然后把右手放在左边拍球

技能检查

- 保证学生以他们的身体为中线交叉拍球。
- 保证学生运用正确的运球姿势：
  - 保持眼睛注视。
  - 用指腹而不是指尖。
  - 控制好身体一侧运球，位置水平于腕部或低于腕部。
  - 把右脚放在左脚的后面，留出“脚空”，在“脚空”处运球（或如果用左手运球，则反之）

第4周
第2级

- 保证学生运用正确的行走姿势：
  - 保持身体垂直站好。
  - 应该能从耳朵到肩膀划一条直线。
  - 使髋关节、膝盖和踝关节成一行。
  - 头抬起，往前看，下颚应该与地面保持平行。
  - 两肩放松，手臂弯曲。
  - 摆动双臂，与双脚动作协调。
  - 从头走到尾。

技能发展

偏重身体一侧、运动设计、整体运动协调

器材

- 地板垫
- 墙垫
- 活动学习卡片（配有图和小写字母）

活动

- 地板垫：用两脚跟行走在中间那行垫子上，每只脚走进一块新的正方形里。当走进每块正方形时，说出显示在正方形上面卡片的内容。

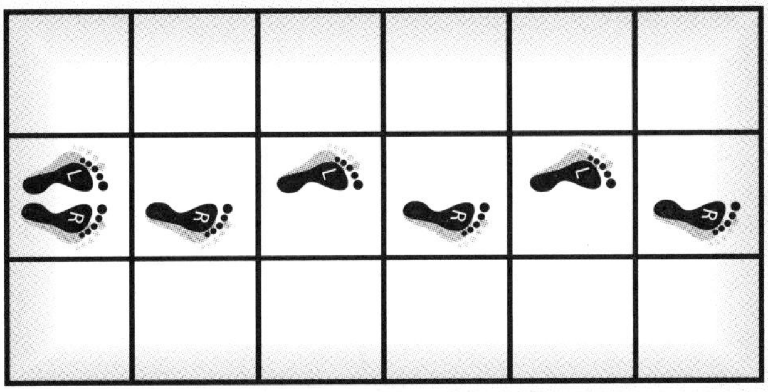

用脚跟行走

- 墙垫：双手交叉方式穿过垫子。把右手放在墙垫左侧上部的正方形里。接下来，把左手交叉放在邻近的右手边的正方形里。继续把右手移动到下一块邻近的正方形里，然后是左手。返回到垫子的起点，并重复这个动作，把右手放在墙垫左侧底部的正方形里开始，并从左向右移动。双手交替向邻近的正方形移动。沿途说出所触摸的每块正方形上面的卡片显示的内容。

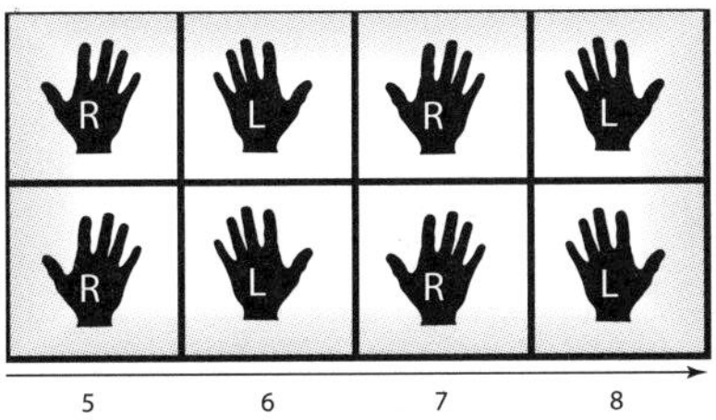

双手交叉

第4周
第3级

技能检查

- 鼓励学生大声说出每张活动学习卡片上显示的内容。
- 观察学生是否用脚跟行走。

技能发展

横向交叉意识、整体运动协调

器材

跳远长绳

设置

用绳子在地板上创造出各种各样的形状。

活动

1. 绕着绳子行走，并大声说出绳子围成的形状。当绕绳子行走时，多次重复形状的名字。
2. 绕绳子慢跑，大声说出绳子的形状。当绕绳慢跑时，多次重复形状的名字。
3. 绕绳子爬行，并大声说出绳子的形状。当绕绳爬行时，多次重复形状的名字。

技能检查

- 对于行走，保证学生运用正确的如下姿势：
  - 保持身体垂直站好。
  - 应该能从耳朵到肩膀划一条直线。
  - 使髋关节、膝盖和踝关节成一行。
  - 头抬起，往前看，下颚应该与地面保持平行。
  - 两肩放松，手臂弯曲。
  - 摆动双臂，与双脚动作协调。
  - 从头走到尾。
- 对于慢跑，保证学生运用正确的如下姿势：
  - 摆动与双脚运动相反的双臂。
  - 两肩放松，两臂弯曲。
  - 关键的时刻是双脚离地。
  - 脚跟或脚尖落地（不是两脚板水平着地）。
  - 后腿弯曲成 90 度角。
- 对于爬行，保证学生运用正确的如下姿势：
  - 把身体抬起来，并用双手和两膝盖支撑体重而不让腹部接触地板。
  - 不停地运动。
  - 右手和左膝（或左手和右膝）应该同时向前运动。

第4周
第5级

技能发展

偏重身体一侧、运动技能、运动设计

器材

- 阶梯垫
- 活动学习卡片（配有图和小写字母）

活动

把左膝抬起来与双手平行，然后左脚向前走在第 1 节阶梯横档上。把右膝抬起来与双手平行，然后右脚向前走在第 2 节阶梯横档上。继续以这种方式走完全部阶梯垫。每向前走一步，说出显示在当前正方形卡片的内容。

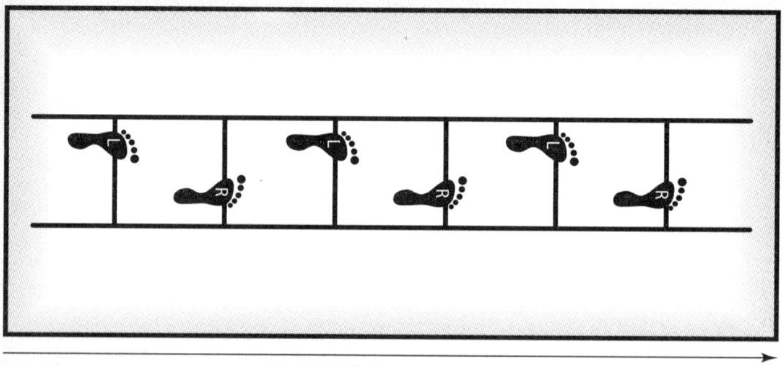

膝盖抬起与双手平行

技能检查

- 鼓励学生缓慢而小心地前行。
- 保证学生大声说出显示在每张卡片上的内容。

第4周
第6级

技能发展

眼 - 手协调、横向交叉意识

器材

- 每个学生一块跺脚车踏板
- 每个学生一个豆子袋
- 每个学生一个 13 英寸（33 厘米）球拍

活动

1. 左手拿球拍，右脚踩在车板上把豆子袋弹向空中。用球拍击打豆子袋，并说出字母表中的一个字母。
2. 重新取回豆子袋，并重复这个活动，但这次是用左脚踩踏板，而右手拿球拍。用球拍击打豆子袋，并说出字母表中的下一个字母。重复步骤 1 和步骤 2，以这种方式说完字母表，直到每侧完成 5 次为止。

技能检查

- 保证学生运用正确的横向交叉跺跺姿势：
  - 两脚稍微分开，彼此紧挨着面向踏板站立。
  - 以最小的力度快速地走上跺脚车踏板（不要太用力）
  - 如果用右脚跺，就用左手拿球拍；如果用左脚跺跺，就用右手拿球拍。
- 警告学生既不要跑和跺，也不要跳和跺，因为踏板很滑，容易导致学生滑倒和摔倒。还有就是跺踏不伴有跑和跳，所以要更好地控制运动。

横向交叉活动

第4周
第7级

技能发展

偏重身体一侧、运动设计、整体运动协调

器材

阶梯垫

活动

像熊行走一样走完阶梯垫，同时说出字母表。

技能检查

- 强调相对应的运动（右脚运动时，左手运动）。
- 保证学生运用下面的熊行走姿势：
  - 腰部向前弯曲。
  - 双手放在地上。
  - 慢慢地向前行走。
  - 同时运动手和身体相对应的那只脚（如左手、右脚）。

第4周
第8级

技能发展

横向交叉意识、动态平衡

器材

- 跳跃、单脚跳跃垫子
- 地板胶带
- 活动学习卡片（拼字）

活动

以垫子的一条 10 英尺（约 3 米）长的直线为起点，并从垫子上跳跃过去。以窄的一端开始，并以这种运动方式向宽的一端运动。强调运用正确的跳跃姿势。当落地时，说出所跳过的那部分垫子上的卡片显示的内容。（此活动除了使用不同的活动学习卡片之外，其他的内容同第 1、第 2 和第 3 周的第 8 级内容一样。）

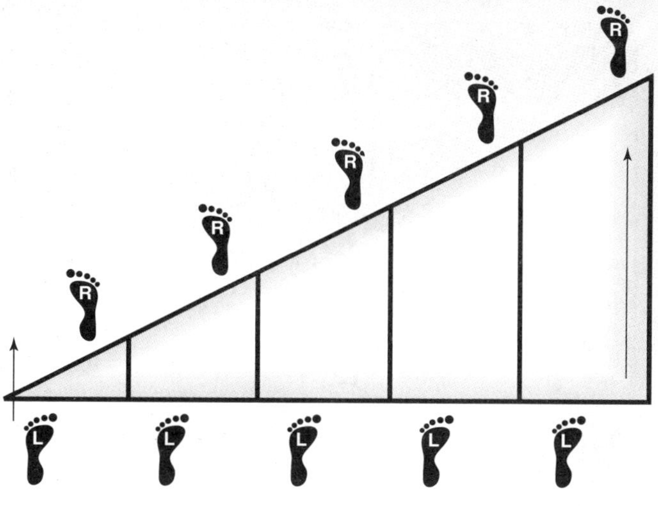

技能检查

- 保证学生运用正确的跳跃姿势：
  - 跳跃前要毫不犹豫地连续运动。
  - 一只脚跳起，另一只脚落下。
  - 每一次跳跃期间，做一个长冲刺，双脚离地。
  - 每次跳跃时，把与前面（跳跃）的那只脚相对应的胳膊伸到身体前面。

横向交叉活动

第5周
第1级

技能发展

运动技能、运动设计、空间意识

器材

- 6只锥筒
- 活动学习卡片（配有图和大写字母）

设置

把6只锥筒两两间隔4英尺（约1.2米）分开摆放。

活动

像熊行走一样从一只锥筒走向另一只锥筒。沿途触摸每只锥筒，并说出锥筒上面的卡片上显示的字母或图。

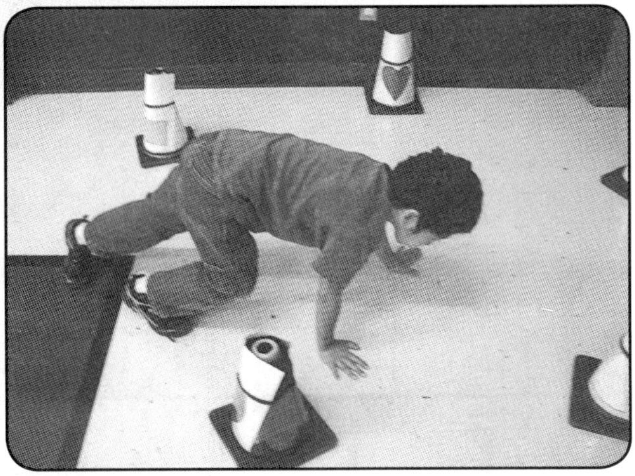

技能检查

- 保证学生运用正确的熊行走姿势：
  - 腰部向前弯曲。
  - 双手放在地上。
  - 慢慢地向前行走。
  - 同时运动身体两侧相反的手和脚（如左手，右脚）。
- 保证学生大声说出每张卡片上显示的字母。

技能发展

偏重身体一侧、运动技能、运动设计

器材

- 跳房子游戏垫
- 活动学习卡片（大写字母）

活动

双脚每次交叉或分开从一块正方形向另一块正方形跳跃（即第 1 次跳跃交叉，第 2 次跳跃分开，第 3 次跳跃交叉，等等）。每次跳跃都要说出当前正方形上的活动学习卡片上显示的内容。

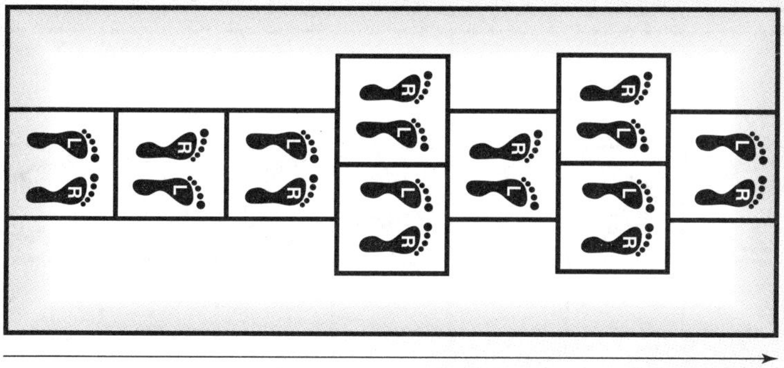

技能检查

- 提醒学生放慢动作，重点是运用正确的立定跳远的姿势：
  - 起跳前弯曲双膝，双臂向身体后伸展。
  - 起跳时，向前上方用力甩双臂（高过头顶）。
  - 双脚同时起跳并落地。
  - 双臂向下运动并落下。
- 保证学生运用正确的两腿交叉或分开姿势：
  - 跳跃并交叉双腿，左脚放在身体中线的右侧，右脚放在身体中线的左侧。
  - 两腿跳开与肩同宽，脚尖向前，膝盖稍微弯曲。
  - 第 1 次跳跃交叉双腿，第 2 次跳跃分开双腿，第 3 次跳跃交叉双腿，等等。

横向交叉活动

第5周
第3级

技能发展

偏重身体一侧、运动设计、整体运动协调

器材

- 地板垫
- 墙垫
- 活动学习卡片（大写字母）

活动

- 地板垫：从中间那行垫子上跳跃过去，每跳到一块正方形上时，学生的两脚脚尖依次按照脚尖朝里和朝外的顺序摆放。每当跳到一块正方形上时，说出每块正方形上面的卡片显示的内容。

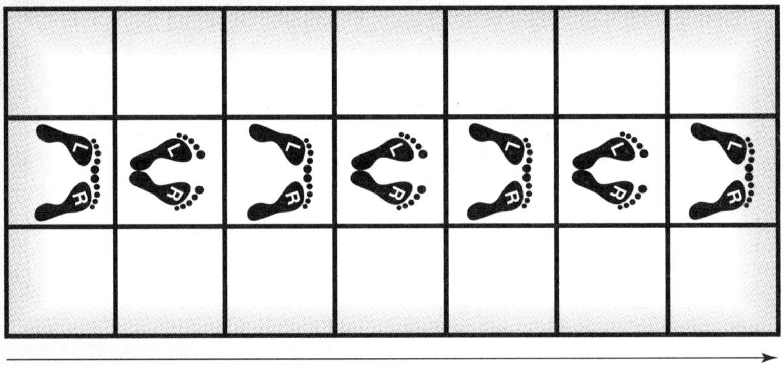

- 墙垫：从左上角开始，用左手触摸第 1 块正方形，同时，右手握拳，并触摸第 2 块正方形。双臂交叉，并用右手（打开手掌）触摸第 3 块正方形，再用左拳触摸第 4 块正方形。在下面的那行上，向左重复这个动作。沿途说出每块正方形上面的卡片显示的内容。

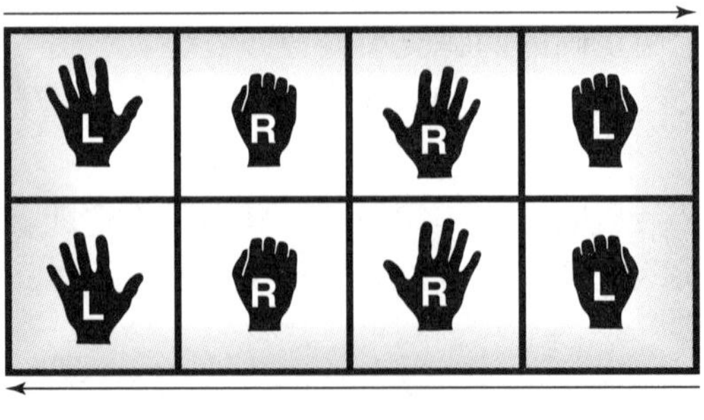

技能检查

- 鼓励学生大声说出大写字母。
- 鼓励学生观察他们脚的位置，按照脚尖向里或向外的顺序，双脚并排竖着摆放。

横向交叉活动

第5周
第4级

技能发展

横向交叉意识、整体运动协调

器材

跳远长绳

活动

把长绳子放在地板上展开成一条直线，把左脚放在绳子的右边，右脚放在绳子的左边。跳起来，双脚在空中分开，落地时左脚在绳子的左边，右脚在绳子的右边。说出字母表中的一个字母。再次跳起来，双脚在空中再次交叉，落地时说出下一个字母。以这种方式继续下去。

技能检查

- 提醒学生放慢动作，重点是运用正确的立定跳远姿势：
  - 起跳前弯曲双膝，双臂向身体后伸展。
  - 起跳时，向前上方用力甩双臂（高过头顶）。
  - 双脚同时起跳并落地。
  - 双脚交替做交叉跳跃。
  - 双臂向下运动并落下。

第5周
第5级

技能发展

偏重身体一侧、运动技能、运动设计

器材

- 阶梯垫
- 活动学习卡片（大写字母）

活动

从一个阶梯横档上跳跃到下一个横档上，每跳跃一次都要换一次前面的脚。沿途说出在每块正方形上面的卡片上显示的内容。

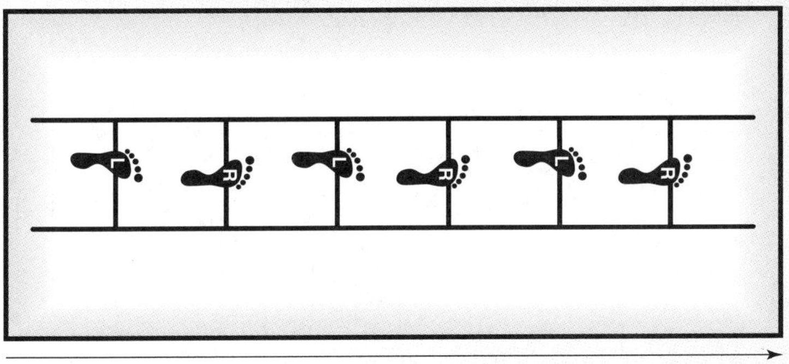

技能检查

- 保证学生运用正确的跳跃姿势：
  - 跳跃前要毫不犹豫地连续运动。
  - 一只脚跳起，另一只脚落下。
  - 每一次跳跃期间，做一个长冲刺，双脚离地。
  - 每次跳跃时，把与前面（跳跃）的那只脚相对应的胳膊伸到身体前面。

横向交叉活动

第5周
第6级

技能发展

眼 - 手协调、横向交叉意识

器材

- 4 个直径为 30 英寸（约 1 米）的呼啦圈
- 4 个泡沫塑料呼啦圈架子

设置

把呼啦圈两两间隔 2 英尺（大约半米）分开摆放。

活动

每次爬过一个呼啦圈时，要说出呼啦圈的颜色。

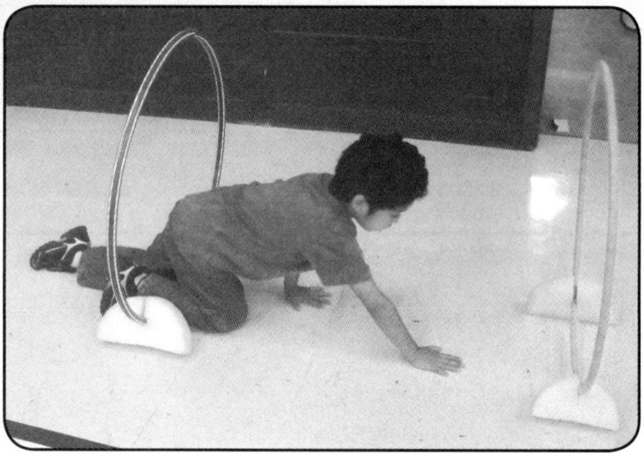

技能检查

- 鼓励学生要小心，不要把呼啦圈踢倒。
- 保证学生运用正确的爬行姿势：
  - 把身体抬起来，并用双手和两膝盖支撑体重而不让腹部接触地板。
  - 不停地运动。
  - 右手和左膝（或左手和右膝）应该同时向前运动。
- 鼓励学生大声说出呼啦圈的颜色。

第5周
第7级

技能发展

偏重身体一侧、运动设计、整体运动协调

器材

地板胶带

设置

用地板胶带在地板上标示一条6英尺（约1.8米）长的直线。

活动

一只脚站在线上，另一只脚恰好在线的后面。跳起来，交换双脚的位置，这样，当落地时，相反的那只脚踩在线上。当跳起来时，说出字母，每跳一次说一个字母。试着这样跳跃下去，说出完整个字母表。

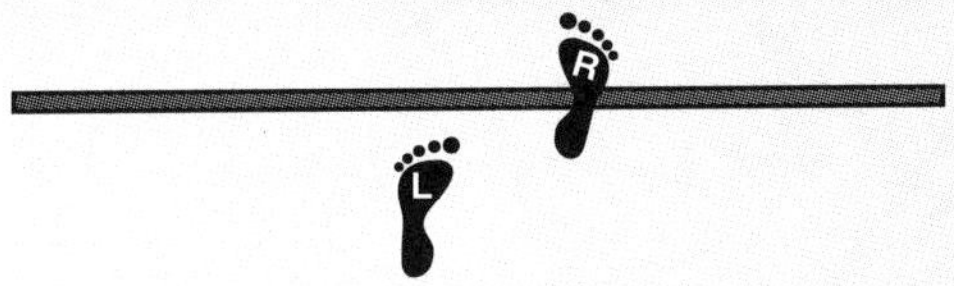

技能检查

- 保证学生跳跃时转换脚的位置而不只是前行。
- 提醒学生放慢动作，重点是运用正确的剪式跳跃姿势：
  - 一只脚站在另一只脚的前面。
  - 跳起来，并在空中转换双脚的位置，这样，当落地时，另一只脚就在前面了。

第5周
第8级

技能发展

横向交叉意识、动态平衡

器材

- 跳跃垫
- 地板胶带
- 活动学习卡片（拼字）

活动

以一条4英尺（约1.2米）长的直线为起点，向着10英尺（约3米）长的垫子奔跑，并从垫子上跳跃过去。从垫子窄的一端跳跃，并以这种方式向宽的一端跳跃。强调运用正确的跳跃姿势。当落地时，说出所跳过的那部分垫子上的卡片显示的内容。（此活动除了使用不同的活动学习卡片之外，其他的内容同第1、第2、第3和第4周的第8级内容一样。）

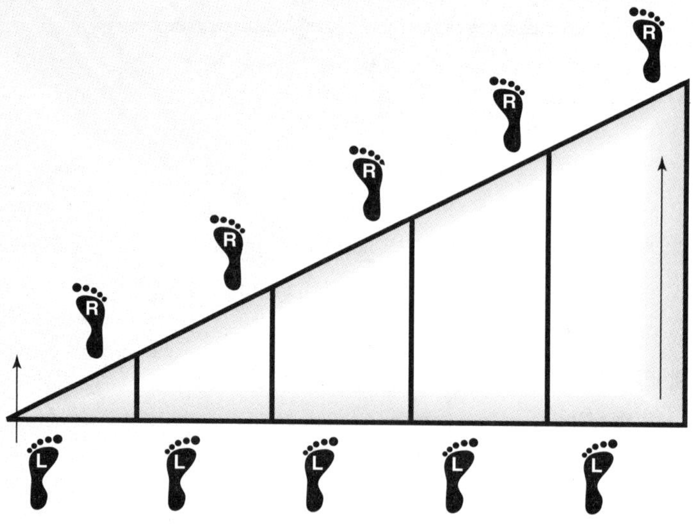

技能检查

- 保证学生运用正确的跳跃姿势：
  - 跳跃前要毫不犹豫地连续运动。
  - 一只脚跳起，另一只脚落下。
  - 每一次跳跃期间，做一个长冲刺，双脚离地。
  - 每次跳跃时，把与前面（跳跃）的那只脚相对应的胳膊伸到身体前面。

第6周
第1级

技能发展

运动技能、运动设计、空间意识

器材

- 6 只锥筒
- 活动学习卡片（配有图和大写字母）

设置

把锥筒两两间隔 4 英尺（约 1.2 米）分开放置。

活动

像熊行走一样从一只锥筒走向另一只锥筒。沿途触摸每只锥筒，并说出显示在锥筒上的卡片的字母和图。（此活动同第 5 周的第 1 级内容一样。）

技能检查

- 保证学生运用正确的熊行走姿势：
  - 腰部向前弯曲。
  - 双手放在地上。
  - 慢慢地向前行走。
  - 同时运动身体两侧相对应的手和脚（如左手，右脚）。
- 辨认图片，并让学生确定第 1 个字母的发音。学生开始可能需要帮助，但他们很快就能掌握。

横向交叉活动

第6周
第2级

技能发展

偏重身体一侧、运动技能、运动设计

器材

- 跳房子游戏垫
- 活动学习卡片（配有图和大写字母）

活动

沿路向前走过垫子，两腿交叉和分开从一块正方形走向另一块正方形。每走到一块正方形上时，说出那块正方形卡片上显示的内容。

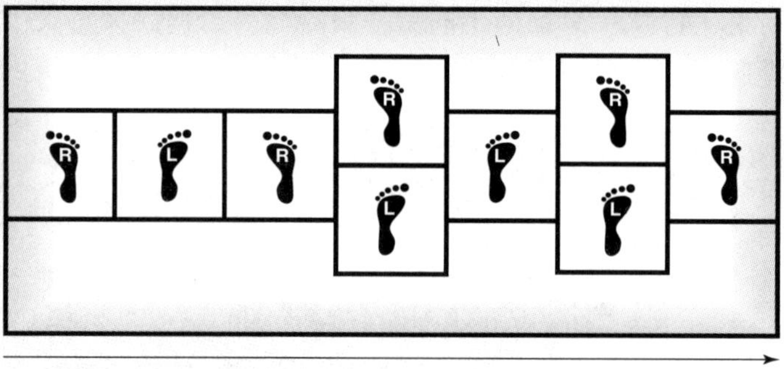

技能检查

- 保证学生每走一步双腿都交叉或分开。
- 保证学生运用正确的双腿交叉和分开姿势：
    - 伸出右脚。
    - 下一步，左脚从右脚的后面交叉过去。
    - 再出右脚，左脚继续从右脚后面交叉过去，然后再迈出右脚。

技能发展

偏重身体一侧、运动设计、整体运动协调

器材

- 地板垫
- 墙垫
- 活动学习卡片（配有图和大写字母）

设置

如果做了两套卡片，可以在邻近的正方形里使用同样的卡片。如果只有一套卡片，就把不同的卡片放在每块正方形里。

活动

- 地板垫：做葡萄藤交叉步向前走过中间那行垫子。每走一步，说出显示在那块正方形上的卡片的内容。开始，面向一侧站立，双脚站在第1块正方形的中间。右脚走进第2块正方形的中间，然后，左脚走进第3块正方形里。下一步，右脚再次向前走，然后，左脚再向前迈进。以这种方式继续走到垫子的终点。

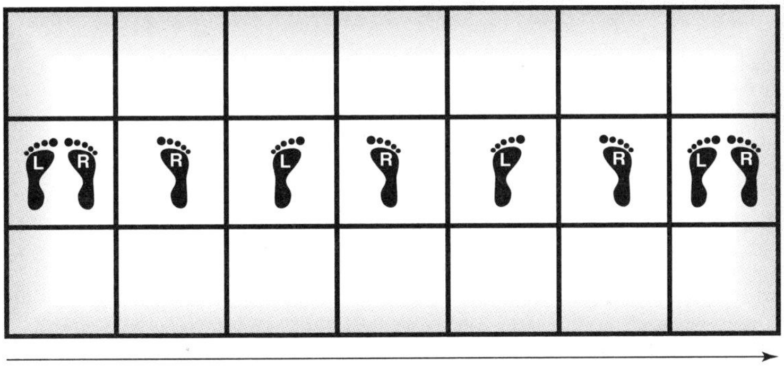

- 墙垫：从左上角的垫子开始，双手同时触摸垫子。用左手拇指和右手示指触摸垫子。走到邻近的两块正方形里，转换手，用右手拇指和左手示指触摸垫子。走到最后一行，从右向左做同样的动作。每次触摸一块正方形时，要说出那块正方形的卡片上显示的内容。

第6周
第3级

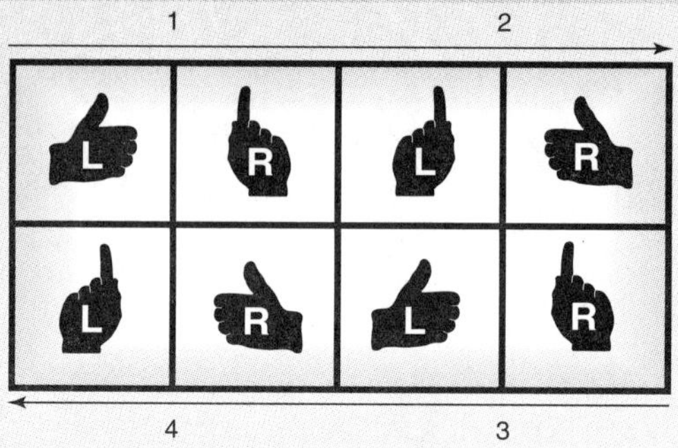

技能检查

- 鼓励学生大声说出卡片上显示的内容。
- 鼓励学生查看双脚的位置。

技能发展

偏重身体一侧、运动设计、整体运动协调

器材

Foo-Foo 棍

活动

每只手拿一根棍。做游戏时，每次用一根棍，两侧交替使用。用右手的棍触摸身体的左侧部位。用左手的棍触摸身体的右侧部位。

1. 用棍棒触摸每只脚的脚尖（先一侧，然后另一侧），每次触摸都要说出“脚尖”这个词。
2. 对膝盖做同样的动作，并说出“膝盖”这个词。
3. 对肩膀做同样的动作，并说出“肩膀”这个词。
4. 对头部的两侧做同样的动作，并说出“头”这个词。

技能检查

在学生能很好地在身体中线做交叉动作之前，可能要花几天时间，但他们要经过训练才能掌握。

- 重点是在身体垂直中线的交叉运动。
- 右手只触摸身体左侧，而左手只触摸身体右侧。

第6周
第5级

技能发展

交叉运动发展

器材

- 阶梯垫
- 活动学习卡片（配有图和大写字母）
- 2 只锥筒

设置

把锥筒间隔 4 英尺（约 1.2 米），并距离垫子的末端 10 英尺（约 3 米）分开摆放。

活动

1. 双脚踩在横线上走过阶梯垫。当走过横线时，说出横线之间的活动学习卡片上显示的内容。
2. 当达到垫子终点时，跑向锥筒。跑到两只锥筒之间，然后再返回到阶梯垫的起点，并重复步骤 1 和步骤 2，直到转换等级位置。

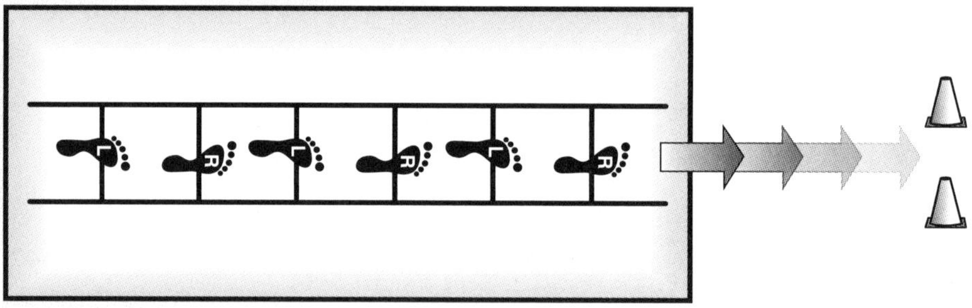

技能检查

- 保证学生运用正确的行走姿势：
  - 保持身体垂直站好。
  - 应该能从耳朵到肩膀划一条直线。
  - 使髋关节、膝盖和踝关节成一行。
  - 头抬起，往前看，下颚应该与地面保持平行。
  - 两肩放松，手臂弯曲。
  - 摆动双臂，与双脚动作协调。

    - 从头走到尾。
- 保证学生运用正确的跑步姿势：
    - 两臂放松，肘关节弯曲，做与两腿相反的运动。
    - 关键是双脚离地的时刻。
    - 脚跟或脚尖落地（不要用脚板跑）。
    - 弯曲后腿，脚跟接近臀部。

第6周
第6级

技能发展

眼 - 手协调、横向交叉意识

器材

- 每个学生一块踩脚车踏板
- 每个学生一个豆子袋
- 每个学生一只 13 英寸（约 33 厘米）长的球拍

活动

1. 左手拿球拍，右脚踩在车踏板上，把豆子袋弹向空中。用球拍击打豆子袋。
2. 重新拾回豆子袋，并重复这个活动，但这次要用左脚踩车踏板，右手拿球拍。用球拍击打豆子袋。重复步骤 1 和步骤 2，直到每侧完成 5 次为止。

（此活动除了这次学生不说字母之外，其他的内容同第 4 周的第 6 级一样。）

技能检查

- 保证学生运用正确的横向交叉踩踩姿势：
  - 两脚稍微分开，彼此紧挨着面向车板。
  - 以最小的力度快速地走上踩脚车踏板（不要太用力）
  - 如果用右脚踩，就用左手拿球拍；如果用左脚踩，就用右手拿球拍。
- 警告学生既不要跑和踩，也不要跳和踩，因为车板很滑，容易导致学生滑倒和摔倒。此外，踩踩不伴有跑和跳，所以要更好地控制运动。

技能发展

空间意识、整体运动协调

器材

- 踏板车踏板
- 2 只锥筒
- 2 只锥筒外套
- 活动学习卡片（配有图和大写字母）

设置

把 2 只带有活动学习卡片的锥筒间隔 10 英尺（约 3 米）分开摆放。

活动

把腹部贴在踏板车踏板上，并绕着锥筒做椭圆形运动。在运动中，学生交替使用身体两侧相对的手和脚——先是右手和左脚，然后是左手和右脚。每次经过一只锥筒时，都要说出那只锥筒上面的卡片上显示的字母。

技能检查

- 安全地压在踏板车踏板上（如绝不站在车板上，手放在两侧，头发和衣服远离车轮）。
- 观察横向交叉运动，保证学生使用左手和右脚（或右手和左脚）向前推踏板车。
- 保证学生大声说出卡片上显示的内容。

横向交叉活动

第 6 周
第 8 级

技能发展

横向交叉运动意识、动态平衡

器材

- 跳跃垫
- 地板胶带
- 活动学习卡片（拼字）

活动

以垫子的一条 10 英尺（约 3 米）长的直线开始，从垫子上跳跃过去。从垫子窄的一端开始，并以这种方式向宽的一端跳跃。强调运用正确的跳跃姿势。当落地时，说出所跳过的那部分垫子上的卡片显示的内容。（此活动除了使用不同的活动学习卡片之外，其他的内容同第 1、第 2、第 3、第 4 和第 5 周的第 8 级内容一样。）

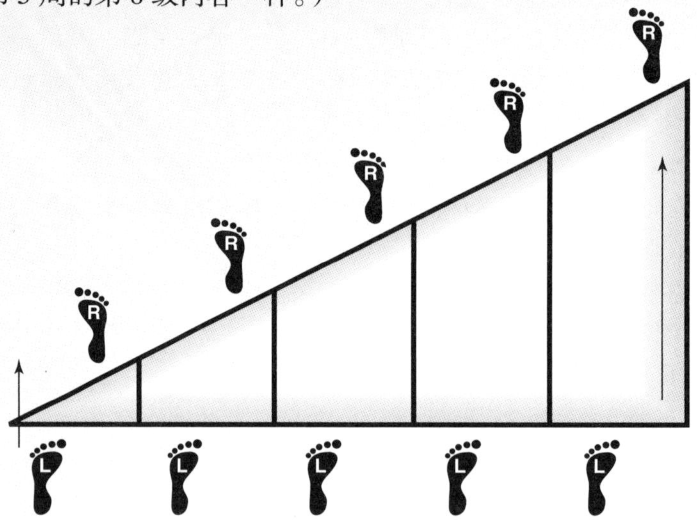

技能发展

- 保证学生运用正确的跳跃姿势：
  - 跳跃前要毫不犹豫地连续运动。
  - 一只脚跳起，另一只脚落下。
  - 每一次跳跃期间，做一个长冲刺，双脚离地。
  - 每次跳跃时，把与前面（跳跃）的那只脚相对应的胳膊伸到身体前面。

第 7 周
第 1 级

技能发展

运动技能、运动设计、空间意识

器材

- 6 只锥筒
- 活动学习卡片（配有图和大写字母）

设置

把 4 只锥筒两两间隔 4 英尺（约 1.2 米）摆放成一条直线。

活动

从一只锥筒走向另一只锥筒。沿途触摸每只锥筒，并说出那只锥筒的卡片上显示的内容。

技能检查

- 保证学生运用正确的行走姿势：
  - 保持身体垂直站好。
  - 应该能从耳朵到肩膀划一条直线。
  - 使髋关节、膝盖和踝关节成一行。
  - 头抬起，往前看，下颚应该与地面保持平行。
  - 两肩放松，手臂弯曲。
  - 摆动双臂，与双脚动作协调。
  - 从头走到尾。
- 辨认图片，并让学生确定第 1 个字母的发音。开始学生需要帮助，但他们很快就能掌握。

横向交叉活动

第7周
第2级

技能发展

偏重身体一侧、运动技能、运动设计

器材

- 跳房子游戏垫
- 活动学习卡片（配有小写字母和拼字）

活动

从一块正方形向另一块正方形跳跃，穿过游戏垫。当到达并排的两块正方形时，双脚交叉跳跃。当走过垫子时，说出所经过的每块正方形上的卡片显示的内容。

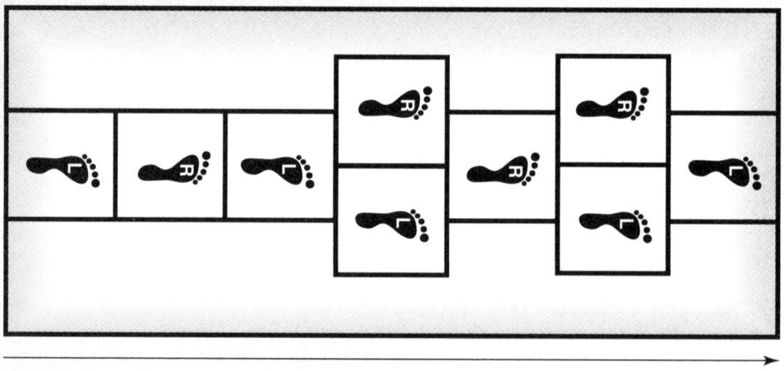

技能检查

- 保证学生运用正确的跳跃姿势：
  - 跳跃前要毫不犹豫地连续运动。
  - 一只脚跳起，另一只脚落下。
  - 每一次跳跃期间，做一个长冲刺，双脚离地。
  - 每次跳跃时，把与前面（跳跃）的那只脚相对应的胳膊伸到身体前面。
- 保证学生双脚摆放的位置，以及双脚交叉站在并排的两块正方形上的位置如图显示的一样。

第7周
第3级

技能发展

偏重身体一侧、运动设计、整体运动协调

器材

- 地板垫
- 墙垫
- 每个学生一个豆子袋
- 活动学习卡片（配有拼字和小写字母）

活动

- 地板垫：把一个豆子袋投到一块正方形里（自己选择），然后跳到那块正方形的后面，并说出有豆子袋的那块正方形上面的卡片上显示的内容。继续投掷豆子袋，并跳过去，直到跳到垫子的终点为止。如果把袋子投到了垫子外面，那就重新捡回来，再试投一次。

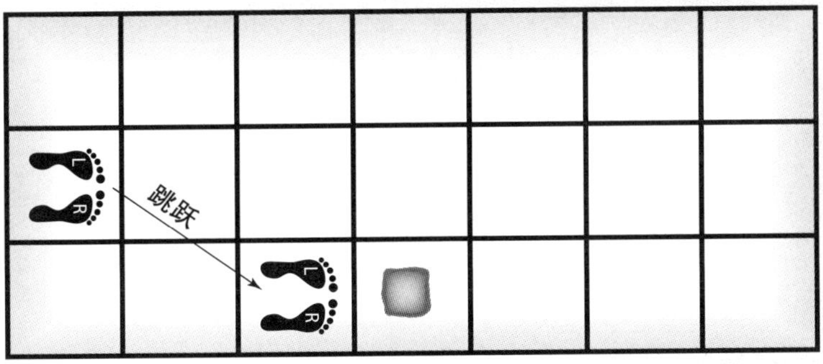

- 墙垫：这项活动使用墙垫中间的4块正方形。抬起一侧的膝盖，并用相反的那只手触摸与手反方向的那块正方形。例如，抬起左膝，并用右手触摸中间4块正方形左上角的那块正方形。然后做转换：抬起右膝，并用左手触摸中间4块正方形右上角的那块。每次触摸一块正方形时，要说出那块正方形上面的卡片显示的内容。

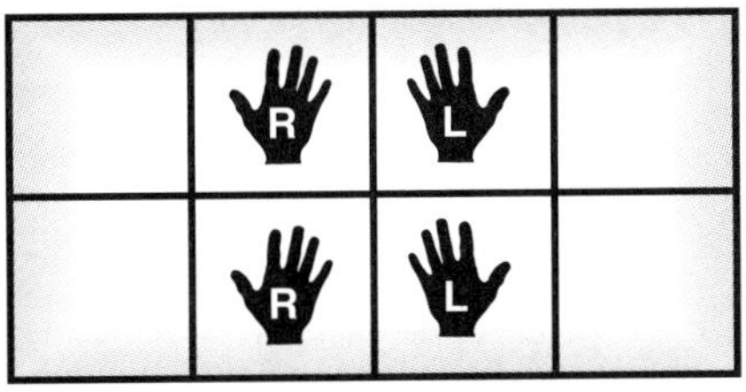

触摸墙垫时同时抬起相对应的膝盖

第7周
第3级

技能检查

- 鼓励学生大声说出每张卡片上显示的内容。
- 保证学生运用正确的跳跃姿势：
  - 跳跃前要毫不犹豫地连续运动。
  - 一只脚跳起，另一只脚落下。
  - 每一次跳跃期间，做一个长冲刺，双脚离地。
  - 每次跳跃时，把与前面（跳跃）的那只脚相对应的胳膊伸到身体前面。
- 保证学生运用正确的手不过肩投球姿势：
  - 面对目标，与投掷手相反的那只脚向前迈。胳膊收回，然后向前摆臂，把球抛出去。

第 7 周
第 4 级

技能发展

动态平衡、横向交叉、运动设计、协调性

器材

- 木桶高跷
- 4 只锥筒
- 活动学习卡片（配有小写字母和拼字）

设置

把锥筒摆成一行，两两间隔 2 英尺（大约半米）分开摆放。

活动

1. 左脚踩着木桶高跷，同时右手拿着高跷绳，走过锥筒。每走过一只锥筒时，说出卡片上显示的小写字母。
2. 右脚踩着木桶高跷，同时左手拿高跷绳，重复这个活动。

技能检查

保证学生用与踩高跷的那只脚相对应的手拿着绳子。学生可能需要练习才能具备横向交叉的意识。

第7周
第5级

技能发展

交叉运动发展

器材

- 阶梯垫
- 活动学习卡片（配有小写字母和拼字）

活动

在阶梯垫上爬行到终点。当经过每块正方形时，说出那块正方形上面的卡片上显示的内容。

技能检查

- 保证学生运用正确的爬行姿势：
  - 把身体抬起来，并用双手和两膝盖支撑体重而不让腹部接触地板。
  - 不停地运动。
  - 右手和左膝（或左手和右膝）应该同时向前运动。

第7周
第6级

技能发展

空间意识、整体运动协调

器材

- 踏板车踏板
- 15 英尺（约 4.5 米）长的跳绳
- 排球杆或其他的平台

设置

把绳子系在排球杆或相似平台的底部，并把绳子全部展开在地上。把踏板车随意地放在绳子的末端。

活动

把腹部贴在踏板上。交替使用左右手顺着绳子把自己往前拉。当往前运动时，背诵字母表。

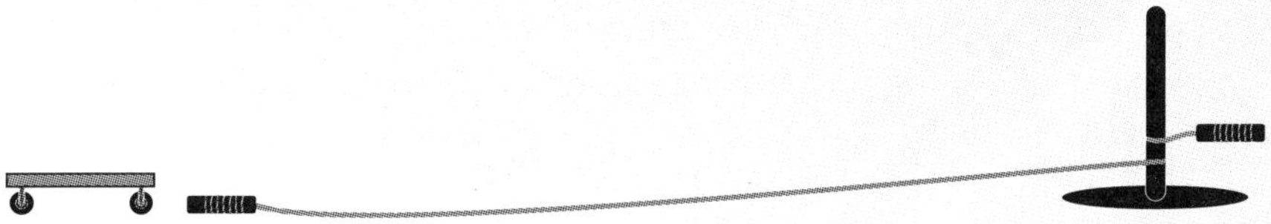

技能检查

- 安全地压在踏板车板上（如绝不能站在踏板上，双手放在身体两侧，头发和衣服远离车轮）。
- 注意横向交叉运动，保证学生交替使用双手。
- 鼓励学生大声说出字母表。

第7周
第7级

技能发展

眼 - 手协调、横向交叉意识

器材

每个学生一条魔术丝巾

活动

用右手把丝巾往上扔，并用左手接住丝巾。然后，用左手扔丝巾，用右手接住它。大声点数每次接住的次数。

技能检查

- 保证学生用一只手投，用另一只手接。
- 保证学生运用正确的狮子爪捕捉姿势：
  - 肘部弯曲，掌心向外上方，把手伸到身体前面做准备。
  - 手掌心朝下，向下运动，伸手抓住物体。
  - 只用手抓物体而不能依靠大腿或小腿。
  - 当抓握时，眼睛要一直盯着物体。
- 强调安全：丝巾掉在地上时非常滑，告诉学生不要把丝巾掉在地上。

第7周
第8级

技能发展

横向交叉意识、动态平衡

器材

- 10个聚酯纤维圆点
- 活动学习卡片（拼字）

设置

把圆点按图显示摆在地板上。把它们分成2行，彼此间隔6英寸（约15厘米）。把活动学习卡片用尼龙搭扣贴在每个圆点上。

活动

1. 用脚尖向前走，从一个圆点走向另一个圆点，右脚走在圆点的右侧，左脚走在圆点的左侧。每走到一个圆点时，说出显示在卡片上的拼字。继续走下去，直到到达这个序列的终点为止。重复这个活动，但这次是用脚尖往回走。
2. 用脚跟向前走，从一个圆点走向另一个圆点，右脚走在圆点的右侧，左脚走在圆点的左侧。每走到一个圆点时，说出显示在卡片上的字。继续走下去，直到到达这个序列的终点为止。

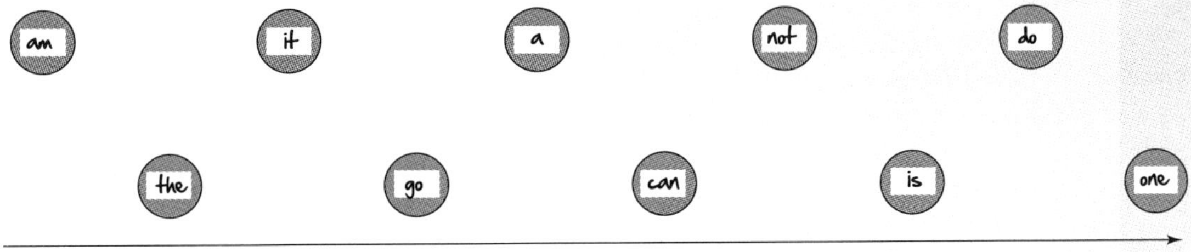

技能检查

- 强调脚的位置和形式。
- 保证学生运用正确的行走姿势：
  - 保持身体垂直站好。
  - 应该能从耳朵到肩膀划一条直线。
  - 使髋关节、膝盖和踝关节成一行。

第7周
第8级

  - 头抬起，往前看，下颚应该与地面保持平行。
  - 两肩放松，手臂弯曲。
  - 摆动双臂，与双脚动作协调。
  - 从头走到尾。
- 强调行走和脚在圆点中间的位置，确保学生不要把圆点踢出去。

第8周
第1级

技能发展

运动技能、运动设计、空间意识

器材

- 6 只锥筒
- 活动学习卡片（配有图和大写字母）

设置

把锥筒彼此间隔 4 英尺（约 1.2 米）分开摆放。

活动

像熊行走一样从一只锥筒走向另一只锥筒。沿途触摸每只锥筒，并说出那只锥筒上面的卡片上显示的字母和图片。（此活动同第 5 和第 6 周的第 1 级一样。）

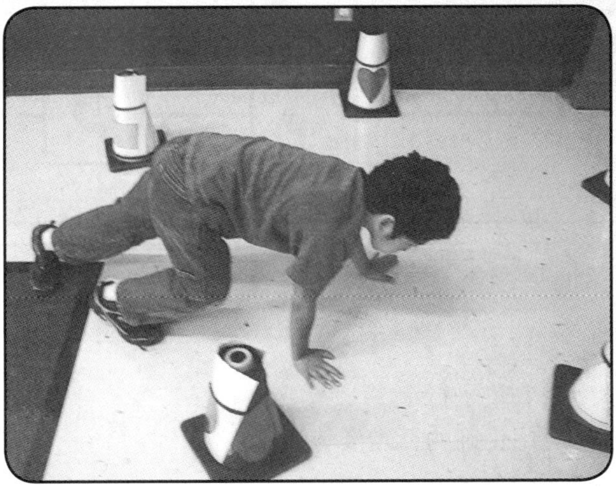

技能检查

- 保证学生运用正确的熊行走姿势：
  - 腰部向前弯曲。
  - 双手放在地上。
  - 慢慢地向前行走。
  - 同时运动与身体相反的手和脚（如左手和右脚）。
- 辨认图片，并让学生确定第 1 个字母的发音。开始学生需要帮助，但他们很快就能掌握。

第8周
第2级

技能发展

偏重身体一侧、运动技能、运动设计

器材

- 跳房子游戏垫
- 活动学习卡片

活动

沿着垫子的一侧行走，并在每块正方形里拍球2次，当走到成对的2块正方形里时，略过远一点的那块正方形。每隔一块正方形，轮流使用左、右手拍球。走到每块正方形时，说出卡片上显示的内容。

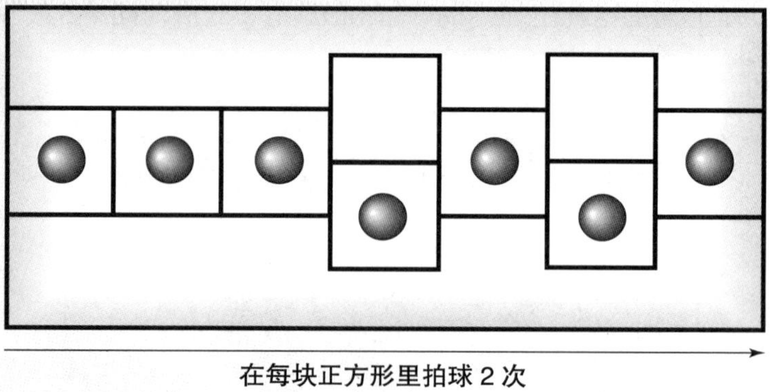

技能检查

- 保证学生沿着垫子行走。
- 保证学生运用正确的行走姿势：
  - 保持身体垂直站好。
  - 应该能从耳朵到肩膀划一条直线。
  - 使髋部、膝盖和踝关节成一行。
  - 抬起头，往前看，下颚应该与地面保持平行。
  - 两肩放松，手臂弯曲。
  - 摆动双臂，与双脚动作协调。
  - 从头走到尾。
- 保证学生在拍球时轮流使用双手。
- 保证学生运用正确的运球姿势：

- 保持眼睛注视。
- 用指腹而不是指尖。
- 在身体一侧运球，位置水平于或低于腕部。
- 把右脚放在左脚的后面，留出“脚空”，在“脚空”处运球（或如果用左手运球，则反之）。

第8周
第3级

技能发展

偏重身体一侧、运动设计、整体运动协调

器材

- 地板垫
- 墙垫
- 每个学生一个豆子袋
- 活动学习卡片（配有大写字母和拼字）

活动

- 地板垫：把一个豆子袋投到所选择的一块正方形上面，并以跳房子游戏的方式运动到那块正方形后面（如单脚跳、跳跃、单脚跳、跳跃）。当跳过正方形时，说出所经过的每块正方形上面的卡片上显示的内容。

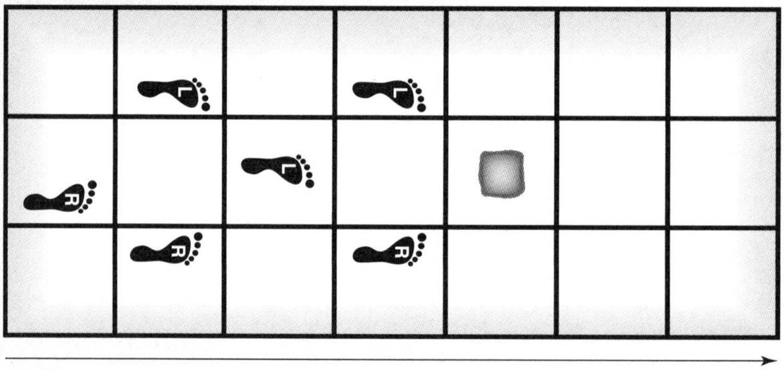

- 墙垫：以墙垫左上部为起点，触摸头 2 块正方形。移动到右边相邻的 2 块正方形里，双手交叉，同时双脚交叉。分开双手和双脚，并把双手放在垫子右侧底部的 2 块正方形里。每次触摸垫子时，要说出卡片上显示的内容。

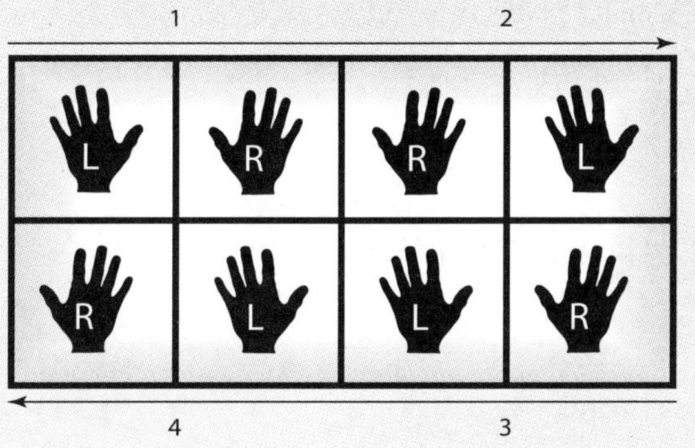

双手交叉，同时双脚也交叉

技能检查

- 鼓励学生大声说出正方形上的字母。
- 鼓励学生注意自己脚的位置，保证适时地交叉和分开。

第8周
第4级

技能发展

交叉形式意识、整体运动协调

器材

- 黑白泡沫塑料砖（每人 4 块）
- 地板胶带

设置

用地板胶带在地板上摆一条 10 英尺长（3 米）的直线。把砖摆成 2 行，行间隔 1 英尺（30 厘米）（胶带线两侧各一行）——右边一行是白砖，左边一行是黑砖。每行的砖之间应该间隔 2 英尺（大约半米）。如图显示，两行砖交错摆放。用一小条胶带标志每块砖的位置，为砖被踢翻之后重新摆放提供线索。

活动

沿着直线往前走，用右脚把黑砖往左边踢倒，用左脚把白砖往右边踢倒。沿着直线往回走，返回起点。当走过时，用身体相反一侧的手把线两侧的砖摆好。

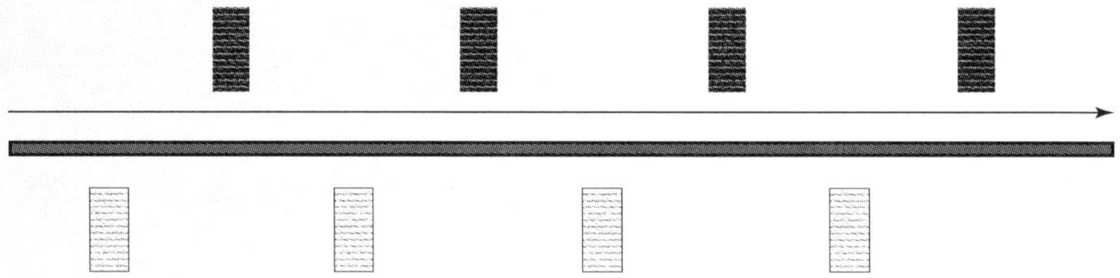

技能检查

保证学生把脚跨过身体中线，用与砖相反的那侧脚踢砖。

技能发展

交叉运动发展

器材

- 阶梯垫
- 活动学习卡片（配有大写字母和拼字）

活动

向后爬行到阶梯垫的终点。当经过每块正方形时，说出那块正方形上面的卡片上显示的内容。

技能检查

- 保证学生运用正确的爬行姿势：
  - 把身体抬起来，并用双手和两膝盖支撑体重而不让腹部接触地板。
  - 不停地运动。
  - 右手和左膝（或左手和右膝）应该同时向前运动。
- 鼓励学生大声说出每张卡片上的内容。

第8周
第6级

技能发展

眼 - 手协调、横向交叉意识

器材

- 每个学生一个直径 8.5 英寸（约 22 厘米）的运动球
- 4 只锥筒
- 活动学习卡片（配有大写字母和拼字）

设置

把锥筒距离墙大约 1 英尺（约 30 厘米）摆成一行，每只锥筒间隔 4 英尺（约 1.2 米）。

活动

1. 从距离这行锥筒 10 英尺（约 3 米）的直线开始，读卡片上显示的内容。然后，在锥筒之间滚动球，与滚球的手相反的那只脚向前迈。
2. 读出卡片上显示的内容，然后滚动球，并尝试着去击打锥筒，右脚向前迈，左手滚球，或左脚向前迈，右手滚球。如果撞倒了锥筒，那么，把球捡回来的同时把锥筒重新放好。

在播放音乐时重复步骤 1 和步骤 2。

技能检查

- 保证学生运用正确的滚球姿势：
  - 面对目标。
  - 相反的那只脚向前走向目标（即如果右手滚球，那就左脚向前迈，反之亦然）。
  - 用胳膊做一个摇摆动作滚动球（像保龄球一样）。
  - 双膝弯曲，并贴着地面把球放出。
  - 随后滚球的那只手向天空或天花板划动。

第8周
第7级

技能发展

空间意识、整体运动协调

器材

一个6英尺（约2米）长的空翻垫

活动

爬行到垫子的终点，然后像螃蟹行走一样尽快往回爬。在整个活动过程要求背诵字母表。

技能检查

- 保证学生运用正确的爬行姿势：
  - 把身体抬起来，并用双手和两膝盖支撑体重而不让腹部接触地板。
  - 不停地运动。
  - 右手和左膝（或左手和右膝）应该同时向前运动。
- 保证学生运用正确的螃蟹行走姿势：
  - 背朝向地板上方，用双手和双脚支持自己的身体。
  - 两臂弯曲，臀部离地。
  - 双脚运动方向与两臂相反（即右臂运动时左脚运动）。
  - 动作要持续而平稳。

横向交叉活动

第8周
第8级

技能发展

横向交叉意识、运动技能

器材

- 跳跃垫
- 地板胶带
- 活动学习卡片（拼字）

活动

以一条6英尺（约1.8米）的直线为起点，向着10英尺（约3米）长的垫子奔跑，并从垫子上跳跃过去。从垫子窄的一端开始，并以这种运动方式向宽的一端跳跃。强调运用正确的跳跃姿势。当落地时，说出所跳过的那部分垫子上的卡片上显示的内容。（此活动除了使用不同的活动学习卡片之外，其他的内容同第1、第2、第3、第4、第5和第6周的第8级内容一样。）

技能发展

- 保证学生运用正确的跳跃姿势：
  - 跳跃前要毫不犹豫地连续运动。
  - 一只脚跳起，另一只脚落下。
  - 每一次跳跃期间，做一个长冲刺，双脚离地。
  - 每次跳跃时，把与前面（跳跃）的那只脚相对应的胳膊伸到身体前面。

5

组合活动

这些组合性的等级为运动活动课程提供了一个最高点。这里的活动包括对 3 项单侧运动的回顾：两侧对称、单侧和横向交叉活动。

组合活动

第 1 周
第 1 级

技能发展

偏重身体一侧、运动技能、运动设计

器材

- 跳箱 [12 英寸高（30 厘米）]
- 一个泡沫塑料栏杆（2 个锥筒上面的一个凹下去的窄条槽支撑，可保持平衡）
- 3 个呼啦圈（地上 2 个，架子上 1 个）

设置

把栏杆放在跳箱前面 12 英寸（约 30 厘米）的地方。把第 1 个呼啦圈放在栏杆前 12 英寸（约 30 厘米）的地方，第 2 个呼啦圈放在距离第一个呼啦圈 12 英寸（约 30 厘米）的地方。把第 3 个呼啦圈摆放在架子上，并把它放在第 2 个呼啦圈前面 2 英尺（约 0.6 米）的位置上。

活动

1. 走上箱子。
2. 从箱子上跳下来，跨过栏杆，走到第 1 个呼啦圈里。
3. 从第 1 个呼啦圈跳到第 2 个呼啦圈里。
4. 穿过最后一个呼啦圈。

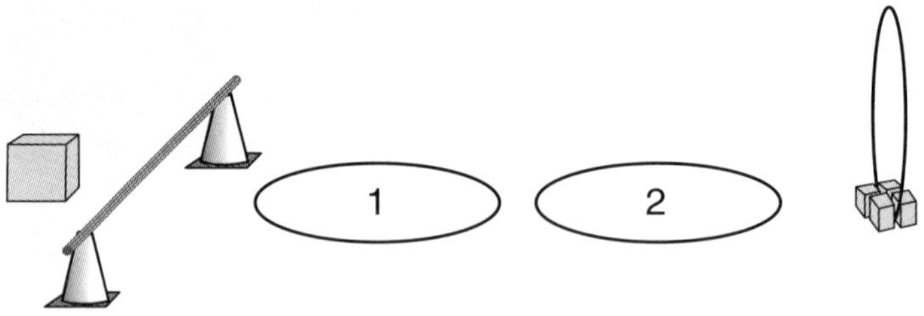

技能检查

- 保证每次只有一个学生经过。
- 学生必须准备做跳跃运动，包括双膝弯曲，两臂向身体后伸展。

第 1 周
第 2 级

技能发展

运动技能、运动设计、眼 - 手协调

器材

- 小型蹦床 [37 英寸（约 1 米）]
- 踏板车踏板
- 6 英尺（约 1.8 米）长跳绳
- 呼啦圈
- 直径 8.5 英寸（约 22 厘米）运动球

设置

把踏板车板放在小型蹦床前面 4 英尺（约 1.2 米）处。把跳绳放在踏板车板前面 5 英尺（约 1.5 米）处，呼啦圈和球放在跳绳前面 4 英尺（约 1.2 米）处。

活动

1. 在小型蹦床上跳跃 5 次。
2. 面向前，腹部贴在踏板车板上，用两臂把自己向前推向绳子。
3. 从绳子前面跳到后面，然后再从绳子后面跳到前面 5 次。
4. 走向呼啦圈，双手在呼啦圈里面拍球 5 次。

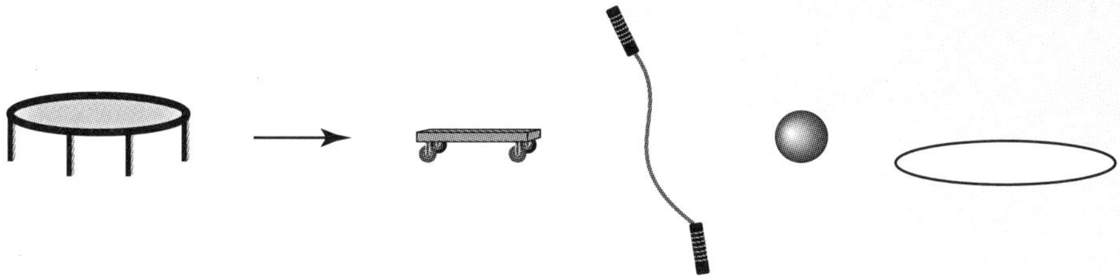

技能检查

- 强调安全。
  - 安全地压在踏板车踏板上（如绝不要站在车板上，双手放在身体两侧，头发和衣服远离车轮）。
  - 提醒学生注意他们的去向，以及避免踩在绳子上。

第 1 周
第 2 级

    - 提醒学生不要跳上蹦床，并且也不应该从蹦床上跳下来，应该从蹦床上走下来，并走到下一个器械上。
- 提醒学生放慢动作，重点正确的运用立定跳远姿势：
    - 起跳前弯曲双膝，双臂向身体后伸展。
    - 起跳时，向前上方用力甩双臂（高过头顶）。
    - 双脚同时起跳并落地。
    - 双臂向下运动并落下。
- 学生应该使用双手在地上击球。

第 1 周
第 3 级

技能发展

横向交叉意识、动态平衡、眼 - 手协调

器材

- 阶梯垫
- 3 个呼啦圈
- 跺脚板
- 一个豆子袋

设置

把呼啦圈摆成距离阶梯垫 4 英尺（约 1.2 米）的一行，呼啦圈之间间隔 1 英尺（约 30 厘米）。跺脚板应该放在距离最后一个呼啦圈 4 英尺（约 1.2 米）的地方。

活动

1. 行走在阶梯横档上。
2. 跳到每只呼啦圈里，然后再跳出来。
3. 用右脚踩跺脚板，把豆子袋弹起来，然后用左手接住袋子。
4. 用左脚踩跺脚板，把豆子袋弹起来，然后右手接住袋子。

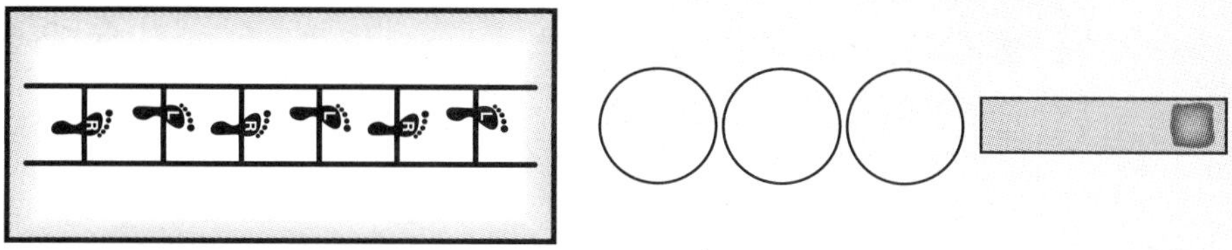

技能检查

- 强调安全：
  - 警告学生既不要跑和踩，也不要跳和踩，因为板子很滑，会导致学生滑倒和摔倒。还要控制运动，跺脚时不伴有跑和跳。
  - 提醒学生在整个活动过程中不要匆忙。
- 保证学生运用正确的跳跃姿势：
  - 跳跃前要毫不犹豫地连续运动。
  - 一只脚跳起，另一只脚落下。
  - 每一次跳跃期间，做一个长冲刺，双脚离地。
  - 每次跳跃时，把与前面（跳跃）的那只脚相对应的胳膊伸到身体前面。

第 1 周
第 4 级

技能发展

横向交叉意识、动态平衡、眼 - 手协调

器材

- 踏板车踏板
- 10 英尺（约 3 米）长的隧道
- 3 只锥筒
- 2 根 14 英尺（约 4 米）长的软条或长跳绳

活动

1. 腹部贴在踏板车踏板上。用双手交替把自己向前推，并穿过隧道。
2. 跪在踏板车踏板上，并轮流使用双手在锥筒之间迂回穿行。
3. 坐在踏板车踏板上，并轮流使用双脚把自己往后推，在软条或绳子之间的空隙处穿行。

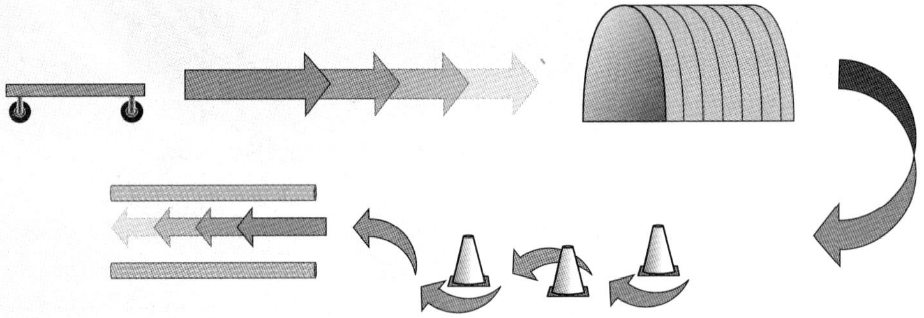

技能检查

- 安全地压在踏板车踏板上（如绝不要站在板子上，双手放在身体两侧，头发和衣服远离车轮）。
- 保证学生每次只用一只手推踏板车踏板。

第1周
第5级

技能发展

眼 - 手协调、单侧意识

器材

- 几何形状的泡沫塑料或活动学习卡片（形状）
- 直径 8.5 英寸（约 22 厘米）的运动球

设置

把几何形状的泡沫塑料或卡片之间间隔 4 英尺（约 1.2 米）分开摆放，给学生留出在泡沫塑料或卡片之间进行单脚跳的空间。

活动

单脚从一个泡沫塑料跳到另一个泡沫塑料或从一张卡片跳到另一张卡片上。每跳到一个泡沫塑料或卡片上时，用右手和左手在泡沫塑料上分别拍球 5 次。拍球的同时说出泡沫塑料或卡片的形状和颜色。

技能检查

- 学生可以尝试着用双手拍球；如果可以，鼓励他们用指定的手拍球。
- 保证学生运用正确的运球姿势：
  - 保持眼睛注视。
  - 用指腹而不是指尖。
  - 在身体一侧运球，位置水平于或低于腕部。
  - 把右脚放在左脚的后面，留出“脚空”，在“脚空”处运球（或如果用左手运球，则反之）
- 保证学生运用正确的单脚跳姿势：
  - 像一只钟摆一样摆动无重量支撑的腿，产生动力。
  - 脚落地时，把无重量支撑的那条腿的脚放在身后。
  - 弯曲双臂，向后摆动，使其产生动力。

组合活动

第 1 周
第 6 级

技能发展

眼 - 手协调、运动设计、动态平衡

器材

- 8 只呼啦圈
- 地板平衡木
- 直径 8.5 英寸（约 22 厘米）的运动球

设置

把每只呼啦圈尽量紧密地放在地板平衡木周围，这样当学生沿着平衡木滑行时，他们可以在呼啦圈里拍球。

活动

1. 在每只呼啦圈里单脚跳 5 次。
2. 走到平衡木上，沿着一侧向右滑行到平衡木的末端。当滑行时，用右手在每只呼啦圈里拍球 1 次。
3. 沿着平衡木向左滑行，返回到平衡木的起点。当滑行时，用左手在每只呼啦圈里拍球 1 次。

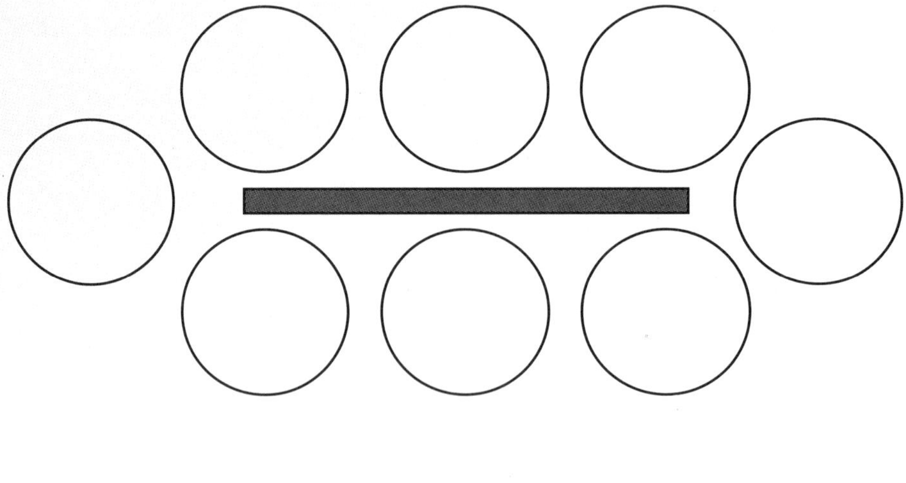

技能检查

- 强调安全：保证每次仅一个学生站在平衡木上。
- 如果学生在平衡木上行走有困难，那么他们可以在地板的胶带线上行走。
- 保证学生运用正确的单脚跳姿势：
  - 像钟摆一样摆动无重量支撑的腿，产生动力。
  - 脚落地时，把无重量支撑的那条腿的脚放在身后。
  - 弯曲双臂，向后摆动，使其产生动力。
- 保证学生运用正确的滑行姿势：
  - 身体转向一侧。
  - 前脚向前行走，然后滑动后面的脚跟上前脚。
  - 做一个有节奏的连续运动。
- 保证学生运用正确的运球姿势：
  - 保持眼睛注视。
  - 用指腹而不是指尖。
  - 控制好在身体一侧运球，位置水平于或低于腕部，并把右脚放在左脚的后面，形成一个“脚空”，在“脚空”处运球（或如果用左手运球，则反之）

第 1 周
第 7 级

技能发展

左右对称意识、眼 - 手协调、运动设计

器材

- 3 只呼啦圈
- 踏板车踏板
- 豆子袋
- 地板胶带

设置

把呼啦圈摆成一条彼此紧挨着的直线。用地板胶带标记一个距离呼啦圈 2 英尺（约半米）的 X 标识，然后把踏板车放在那里。把豆子袋摆放在距离踏板车踏板 6 英尺（约 2 米）的地方。

活动

1. 双脚同时起跳，从一只锥筒跳跃到另一只锥筒里面，落地。
2. 腹部贴在踏板车踏板上，并同时用双手把自己往前推向豆子袋。
3. 从踏板车踏板上下来。
4. 同时用双手投掷并接住豆子袋 5 次。
5. 把踏板车放回贴有胶带标识的地方，便于下一个人使用。

技能检查

- 安全地压在踏板车踏板上（如绝不站在踏板上，双手放在身体两侧，头发和衣服远离车轮）。
- 提醒学生重点在运用正确的立定跳远姿势：
  - 起跳前弯曲双膝，双臂向身体后伸展。
  - 起跳时，向前上方用力甩双臂（高过头顶）。
  - 双脚同时起跳并落地。
  - 双臂向下运动并落下。

- 保证学生运用正确的投掷姿势：
  - 双手同时做投掷状。
  - 投掷的高度要一样。
  - 把眼睛集中在投掷的最高点上。
  - 两肘部贴近身体
  - 站直不要倾斜。
- 保证学生运用正确的接球姿势：
  - 当物体接近时，靠近它。
  - 用一只手接住物体而不依靠胸部。
  - 眼睛一直盯着物体。
  - 如果物体低于手腕，要用两根小手指一起接物。
  - 如果物体在手腕上面，要用两根拇指一起接物。

组合活动

第 1 周
第 8 级

技能发展

横向交叉意识、运动设计

器材

- 斜坡垫
- 台阶箱［12 英寸（约 30 厘米）高］
- 地板上的呼啦圈
- 架子上的呼啦圈
- 搭在 2 只锥筒上的栏杆

设置

把一只呼啦圈放在斜坡垫前面 1 英尺（约 30 厘米）处的地板上。垂直的呼啦圈应该放在距离地上的呼啦圈 4 英尺（约 1.2 米）的地方，把栏杆放置在距离垂直呼啦圈 4 英尺远（约 1.2 米）的地方。

活动

1. 向上爬到斜坡垫上面的台阶箱上。
2. 从箱子上跳到地上的呼啦圈里。
3. 向前穿过垂直的呼啦圈时说"穿过去"。
4. 从栏杆下爬过去时说"在下面"。

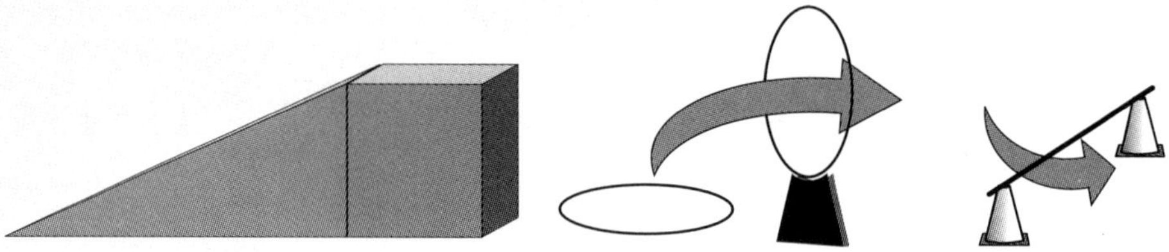

技能检查

- 强调安全——每次仅允许一名学生爬到斜坡垫和台阶箱上。
- 保证学生运用正确的爬行姿势：
  - 把身体抬起来，并用双手和两膝盖支撑体重而不让腹部接触地板。
  - 不停地运动。

- 右手和左膝（或左手和右膝）应该同时向前运动。

- 提醒学生放慢动作，重点运用正确的立定跳远姿势：
  - 起跳前弯曲双膝，双臂向身体后伸展。
  - 起跳时，向前上方用力甩双臂（高过头顶）。
  - 双脚同时起跳并落地。
  - 双臂向下运动并落下。

术语表

灵活（agility）——开始、停止和改变方向而不失去平衡的能力

平衡（balance）——持续、准确地调节身体的能力（运动时——动态平衡；静止时——静态平衡）

左右对称运动（bilateral movement）——一个人在一项活动中同时用身体两侧做相同的事情

身体意识（body awareness）——了解自己身体的各部分，即自己的身体看上去像什么，以及自己的能力和有限性

横向交叉运动（cross-lateral movement）——一个人在活动中身体两侧同时做相反的运动（如使用右臂和左腿爬行）

方向性（directionality）——有根据指令向不同方向运动的能力（如上、下、穿行、环绕）

肌肉运动知觉意识（kinesthetic awareness）——能意识到自己的身体在空间的运动或静止

偏向一侧状态（laterality）——通过身体一侧或任意一侧大脑半球控制身体某些部位或心理的功能

运动设计（motor planning）——有思考并身体力行地执行任务的能力

感知 - 运动技能（perceptual-motor skill）——包括通过感官输入系统（反射作用、视觉、触觉、前庭、肌肉运动知觉）接受信息的技能

空间关系能力（spatial awareness）——当别人陈述物体位置时，能感知到物体所处空间位置的能力

触觉意识（tactile awareness）——通过直接触摸和感觉物体来接受信息

时间意识（temporal awareness）——对时间段的意识，是节奏感的基础

单侧运动（unilateral movement）——使用身体一侧运动

参考书目

Belknap, Martha. *Mind and Body Magic.* Duluth, MN: Whole Person Associates, 1997.

Brehm, Madeline, and Nancy Tindell. *Movement With a Purpose.* West Nyack, CA: Parker, 1983.

Caine, Geoffrey. *Making Connections—Teaching the Human Brain.* Alexandria, VA: Association for Supervision and Curriculum Development, 1991.

Capon, Jack. *Perceptual-Motor Lesson Plans Level 1.* Alameda, CA: Front Row Experience, 1998.

Dennison, Paul. *Brain Gym.* Ventura, CA: Edu-Kinesthetics, 1988.

Hannaford, Carla. *Smart Moves.* Atlanta, GA: Great Oceans Publishers, 1995.

———. *The Dominance Factor.* Arlington, VA: Great Oceans Publishers, 1997.

Jensen, Eric. *The Learning Brain.* San Diego, CA: The Brain Store, 1995.

———. *Amazing Brain Facts.* San Diego, CA: The Brain Store, 1997.

———. *Learning With the Body in Mind.* San Diego, CA: The Brain Store, 2000.

Strauss, Robert. *The Teaching of Developmental Movement Skills.* San Antonio, TX: Trinity University, n.d.

关于作者

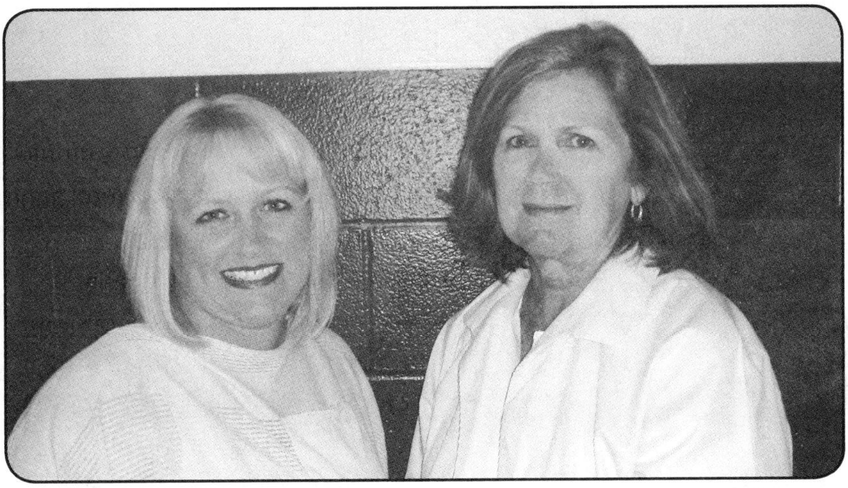

Molly Ramon(左)和 Jill A. Johnstone(右)

Jill A. Johnstone 和 Molly Ramon 是德克萨斯州圣安东尼奥的初级体育老师。她们俩已经积累了近 50 年的体育教学经验，以及 7 年在公立学校开展感知 - 运动学习课程的研究、开发和实践的经验。她们已在区、州和国家一级举办过有关感知 - 运动活动课程的研讨班。

她们的课程已经在公立学校进行了试验，并已通过德克萨斯州圣安东尼奥大学的教授们的评估。Jill 和 Molly 已在 45 所学校进行了教师培训和课程督导，以协助课程的实施。她们是德克萨斯州健康、体育教育、娱乐和舞蹈协会以及美国健康、体育教育、娱乐和舞蹈联合会的成员。Jill 喜欢阅读、徒步旅行和参加爱斯基摩皮筏赛；Molly 喜欢训练、阅读以及同家人共度时光。

你还可以在
www.HumanKinetics.com 上找到
其他一些更优秀的体育教育资料